Martin Aupperle

Objektorientierte Programmierung mit Turbo Pascal

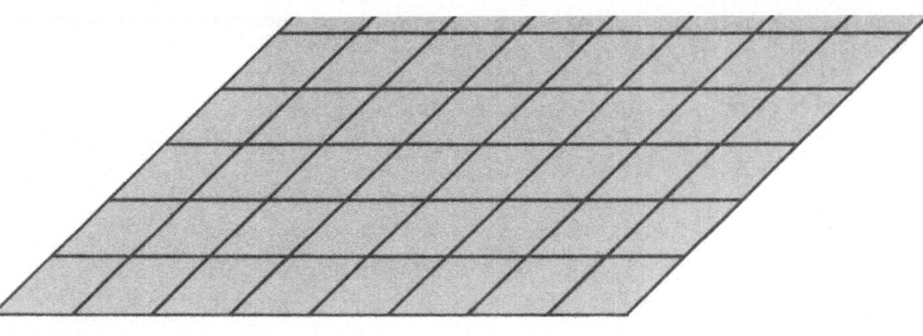

Martin Aupperle

OBJEKTORIENTIERTE PROGRAMMIERUNG MIT TURBO PASCAL

Eine systematische Einführung
in die Welt der Objekte

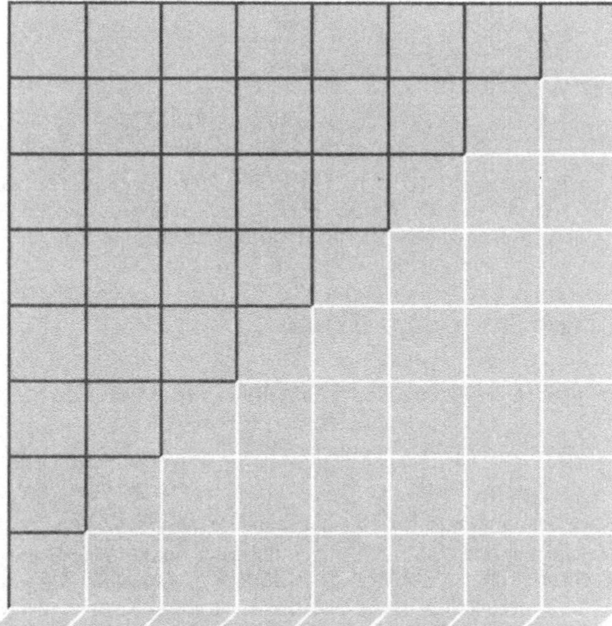

vieweg

ISBN 978-3-528-04778-8   ISBN 978-3-322-87220-3 (eBook)
DOI 10.1007/978-3-322-87220-3

Der Verlag Vieweg ist ein Unternehmen der Verlagsgruppe Bertelsmann International.
Alle Rechte vorbehalten.
© Friedr. Vieweg & Sohn Verlagsgesellschaft mbH, Braunschweig 1990

Umschlaggestaltung: Schrimpf und Partner, Wiesbaden

Inhaltsverzeichnis

1 **Vorwort** 1

2 **Einführung** 3
   2.1   Schrittweise Verfeinerung 3
   2.2   Objektorientierter Entwurf 3
   2.3   Vererbung 4
   2.4   Weitergehende Möglichkeiten 6
   2.5   Objektorientierte Programmierung 6
   2.6   Objektorientiertes Programmieren und Turbo-Pascal 7
   2.7   Zusammenfassung 7

3 **Objekte: Daten und Algorithmen** 8
   3.1   Probleme in traditionellen Sprachen 8
   3.2   Ein erstes Beispiel 10
   3.3   Zur Sprache 12

4 **Ein kleines Fenstersystem** 14
   4.1   Aufgabenstellung 14
   4.2   Implementierung 14
   4.3   Die Bildschirmhardware 15
   4.4   Die Objektdeklaration 15
   4.5   Die Objektimplementierung 16
   4.6   Die with-Anweisung 18
   4.7   Zuweisung von Objekten 19
   4.8   Objekte als Parameter für Prozeduren und Funktionen 19
   4.9   Objektkonstanten 20
   4.10 Dynamische Objekte 21
   4.11 Erweiterung auf mehrere Fenster 23
   4.12 Der Self-Parameter 24
   4.13 Der Übersetzungsvorgang 26
   4.14 Vergleich mit konventioneller Implementierung 28

5 **Vererbung** 31
   5.1   Begriffsdefinitionen 31
   5.2   Ein Beispiel für Vererbung 32
   5.3   Neue Eigenschaften 32
   5.4   Redefinieren von Eigenschaften 33
   5.5   Das Initialisierungsproblem 36
   5.6   Objekthierarchien 37
   5.7   Beispiel einer Objekthierarchie 39
   5.8   Objekte und Units 41
   5.9   Zuweisung von Objekten 44

5.10 Explizite Typumwandlung 47
5.11 Explizite Typumwandlung mit Zeigern 49
5.12 Fallstudie Kellerspeicher 52
5.13 Etwas Technik 60

6 Ein verbessertes Fenstersystem 62
  6.1 Aufgabenstellung 62
  6.2 Implementierung 63
  6.3 Die Unit Window 66
    6.3.1 Der Interfaceteil 66
    6.3.2 Deklarationen im Interface- und Implementierungsteil .. 67
    6.3.3 Der Zugriff auf den Bildschirmspeicher 68
    6.3.4 Das Abfangen von Fehlern 70
  6.4 Verwendung des Kellerspeichers 75
    6.4.1 Das Objekt WndStackT 77
    6.4.2 Verbesserte Fehlerbehandlung 82

7 Virtuelle Methoden 85
  7.1 Ein ganz neues Konzept 85
  7.2 Ein Beispiel 86
  7.3 Late Binding 92
  7.4 Formale Voraussetzungen 92
    7.4.1 Einmal virtuell – immer virtuell 92
    7.4.2 Konstruktoren 93
  7.5 Virtuelle Methoden und dynamische Objekte 94
  7.6 Das Problem der Objektgröße 95
  7.7 Destruktoren und Dispose 96
  7.8 Konstruktoren und New 98
  7.9 Abfangen von Heap-Overflow-Fehlern 99
  7.10 Zweite Fallstudie Kellerspeicher 102
    7.10.1 Aufgabenstellung 102
    7.10.2 Realisierung 102
    7.10.3 Der Interfaceteil 102
    7.10.4 Die Implementierung 103
    7.10.5 Eine kleine Anwendung 105
    7.10.6 Neue Syntax für New 111
    7.10.7 Erweiterung um ein größeres Objekt 113
    7.10.8 Resümee 117
  7.11 „Virtuelle Methoden" in traditionellem Pascal 118
  7.12 Ein Blick hinter die Kulissen 120
  7.13 Die Funktion SizeOf 124
  7.14 Die Funktion TypeOf 125

8 Ein verbessertes Fenstersystem 127
  8.1 Aufgabenstellung 127
  8.2 Das Basisfensterobjekt BaseWndT 128

8.2.1	Make	129
8.2.2	Allocate	129
8.2.3	Activate	130
8.2.4	DeActivate	131
8.2.5	DeAllocate	132
8.2.6	Kill	133
8.3	Das Objekt Wnd1T	134
8.4	Das Objekt Wnd2T	137
8.5	Das Objekt WndSystemT	141
8.5.1	Die Fehlerbehandlung	141
8.5.2	Die Methode DoFirst	142
8.5.3	Die methode RePositionWnd	142
8.5.4	Quellcode des Objekts WndSystemT	143
8.6	Die vollständige Unit Window	146
8.7	Eine erste Anwendung	150
8.8	Erweiterte Fehlerprüfung	154
8.9	Eine eigene Fehlerroutine	156
8.10	Eigene Fensterobjekte	158
8.11	Die Verwendung des Kellerspeichers	162
8.12	Ein Beispiel für Exploding Windows	165
8.13	Zusammenfassung	166
Anhang: Listings		168
A.1	Unit General	168
A.1.1	Datei General	168
A.1.2	Datei G110	169
A.1.3	Datei G120	169
A.1.4	Datei G130	170
A.2	Kellerspeicher aus Kapitel 5	170
A.2.1	Datei StackU	170
A.2.2	Datei S110	171
A.2.3	Datei S120	172
A.3	Fenstersysteme aus Kapitel 6	173
A.3.1	Datei Window	174
A.3.2	Datei W101.dcl	175
A.3.3	Datei W102.dcl	176
A.3.4	Datei W111.dcl	176
A.3.5	Datei W112.dcl	177
A.3.6	Datei W120	178
A.3.7	Datei W100	179
A.3.8	Datei W101	181
A.3.9	Datei W103	185
A.3.10	Datei W110	186
A.4	Kellerspeicher aus Kapitel 7	190
A.4.1	Datei VStackU	190
A.4.2	Datei VS150	191

A.4.3	Datei VS110	191
A.4.4	Datei VS120	191
A.4.5	Datei VS130	192
A.5	Fenstersystem aus Kapitel 8	193
A.5.1	Datei Window	194
A.5.2	Datei W101.dcl	196
A.5.3	Datei W111.dcl	196
A.5.4	Datei W112.dcl	197
A.5.5	Datei W100	198
A.5.6	Datei W101	200
A.5.7	Datei W102	203
A.5.8	Datei W110	207
Sachwortverzeichnis		210

1 Vorwort

Mit der Version 5.5 von Borlands Turbo-Pascal Entwicklungssystem steht einem breiten Personenkreis die Möglichkeit zur Entwicklung objektorientierter Programme zur Verfügung. Bereits die Versionen 4.0 und 5.0 boten das Handwerkszeug zur Erstellung anspruchsvoller Programme, vor allem durch Einführung des UNIT-Konzeptes, durch die Möglichkeit zur Bildung von Overlays sowie durch die Bereitstellung eines leistungsfähigen symbolischen Debuggers.

Die bei der Erstellung professioneller, größerer Programmsysteme auftretenden Probleme führten schon vor einiger Zeit zur Entwicklung von objektorientierten Konzepten, wie sie z.B. in Reinkultur in der Programmiersprache Smalltalk realisiert sind. Die Verbreitung der Sprache blieb jedoch aufgrund bestimmter Spracheigenschaften im wesentlichen auf den akademischen Bereich beschränkt. Erst die Vorstellung einer objektorientierten Version der Programmiersprache C verhalf der objektorientierten Denkweise zum Durchbruch. Nach anerkannter Lehrmeinung werden in Zukunft Objekte aus der Programmierung nicht mehr wegzudenken sein, teilweise werden konventionelle höhere Programmiersprachen wie C und Pascal bereits als "Assembler der 90er Jahre" bezeichnet - für manche Spezialaufgabe noch erforderlich, aber ansonsten überholt.

Es lohnt also, sich mit der objektorientierten Programmierung auseinanderzusetzen. Turbo-Pascal 5.5 bietet die Möglichkeit, die Welt der Objekte mit wenig Aufwand kennenzulernen. Die vorhandenen Handbücher beschränken sich jedoch im wesentlichen auf die Beschreibung der Befehle und Bedienungsmöglichkeiten des Systems. Die mitgelieferten Beispielprogramme sind sicherlich interessant, sind aber für den unbedarften Anwender bei weitem zu kompliziert und können daher kein Ersatz für eine systematische Einführung in die objektorientierte Programmierung sein.

Dieses Buch beschreibt zunächst die Sprachelemente der objektorientierten Programmierung, wie sie mit Turbo Pascal 5.5 zur Verfügung gestellt werden. Darauf aufbauend werden einfache Beispiele entwickelt, anhand derer objektorientiertes Denken vermittelt wird. Der Vergleich zur konventionellen Implementierung erleichtert das Verständnis des objektorientierten Ansatzes ganz wesentlich. Ausgerüstet mit diesen Grundkenntnissen kann sich der Leser an die Programmierung anspruchsvollerer Aufgaben wagen. Diese sind so gewählt, daß sie sich für die objektorientierte Programmierung besonders eignen und gleichzeitig wertvolle Bausteine für eigene Entwicklungen bilden.

Der Einsteiger erhält eine systematische Einführung in die Welt der objektorientierten Programmierung, aber auch der Profi findet hier Anregungen für die tägliche Praxis. Voraussetzung zur sinnvollen Arbeit mit diesem Buch ist eine gewisse Minimalerfahrung mit dem Umgang mit Rechnern und dem Turbo-Pascal Entwicklungssystem. So wird z.B. davon ausgegangen, daß der Leser in der Lage ist, das Turbo-Pascal System auf seinem Rechner zu installieren und einfache Probleme in lauffähige Programme umzusetzen. Begriffe wie *Prozedur, Typvereinbarung,* oder *dynamische Speicherverwaltung* sollten bekannt sein. Der Programmierneuling muß hier auf eines der zahlreichen Einführungsbücher zu Turbo-Pascal verwiesen werden.

Wer die in diesem Buch entwickelten Beispielprogramme nicht eintippen möchte, kann beim Autor eine Diskette mit dem Quelltext erhalten.

Martin Aupperle
St. Bonifatiusstr. 1
8000 München 90

2 Einführung

2.1 Schrittweise Verfeinerung

Zum Entwurf eines Programms stehen heute bereits erprobte Verfahren zur Verfügung, die eine ingenieurmäßige Behandlung der bei der Entwicklung eines größeren Programms auftretenden Probleme ermöglichen. Diese Techniken basieren im allgemeinen auf dem Prinzip der *Schrittweisen Verfeinerung*. Darunter versteht man die Unterteilung der Gesamtaufgabe in einfachere und kleinere Untereinheiten, die dann in der gleichen Weise wieder unterteilt werden, bis man bei so einfachen Strukturen angelangt ist, daß diese durch einen einzelnen Programmierer als Ganzes erfaßt und implementiert werden können. Mit größer werdender Verfeinerung ergibt sich allerdings ein Schnittstellenproblem, denn nur über diese Schnittstellen können die getrennt betrachteten Moduln miteinander kommunizieren. Bei jedem Verfeinerungsschritt wird also Struktur- oder Programmkomplexität auf Kosten der Schnittstellenkomplexität reduziert. Es gilt, das Problem so weit zu verfeinern, bis beide Größen einen akzeptablen Wert haben.

Viele Verfahren, die auf der Technik der Schrittweisen Verfeinerung beruhen, ermöglichen die arbeitsteilige Erstellung von Programmen. Darüber hinaus ist es möglich, die "Richtung" der Verfeinerung so zu steuern, daß Module wiederverwendbar sind, bzw. daß umgekehrt auf bereits vorhandene Elemente zurückgegriffen werden kann. Das Problem der Schnittstellenkomplexität bleibt jedoch weiterhin bestehen.

2.2 Objektorientierter Entwurf

Beim *objektorientierten Entwurf* strebt man an, als Ziel der Schrittweisen Verfeinerung sogenannte *Objekte* zu erhalten. Ein Objekt löst dabei eine (oder mehrere) im Rahmen der Schrittweisen Verfeinerung genau definierte Aufgabe(n). Die dazu erforderlichen Daten und die auf diese Daten wirkenden Algorithmen sind beides Teile des Objekts.

Objekte kommunizieren untereinander über den Austausch von Nachrichten. Empfängt ein Objekt eine Nachricht, aktiviert es die zugehörigen Algorithmen, die evtl. wieder andere Nachrichten erzeugen. Das Objekt wird dabei als abgeschlossene Einheit betrachtet, dessen Inneres den anderen Objekten unbekannt ist. Weiterhin ist die in konventionellen Programmiersprachen immer vorhandene Trennung zwischen Daten und Verarbeitung aufgehoben. Man denkt also nicht mehr "prozedural" oder "datenorientiert", sondern problemorientiert. Die für die Lösung des Problems erforderlichen Daten UND Algorithmen werden zu einer Einheit untrennbar verbunden, eben dem Objekt. Eine Folge davon ist, daß - wie wir sehen werden - die Daten eines Objektes nicht mehr als Parameter an die Algorithmen des Objektes übergeben werden müssen, sondern diesen implizit zur Verfügung stehen.

Mit dieser Technik lassen sich wiederverwendbare Bausteine erstellen, die - in Analogie zur Hardware - auch Software-ICs genannt werden. Sie können nämlich von einem Programmentwickler in gleicher Weise wie ihre materiellen Gegenstücke miteinander kombiniert werden, wenn nur die Schnittstellenspezifikationen eingehalten werden. Wie das IC intern aufgebaut ist, spielt dabei keine Rolle.

2.3 Vererbung

Objekte sind auch noch in anderer Weise wiederverwendbar. Sie können nämlich zur Definition weiterer Objekte herangezogen werden. Dabei "erbt" das neu zu definierende Objekt automatisch die Eigenschaften seines Vorgängers, d.h. das abgeleitete Objekt besitzt automatisch alle Datenelemente und Algorithmen seines Vorgängers. Für abgeleitete Objekte werden dann in der Regel nur noch zusätzliche Eigenschaften (in Form weiterer Daten und Algorithmen) definiert; es ist jedoch auch möglich, vom Vorgänger übernommene Verarbeitungselemente zu re-definieren.

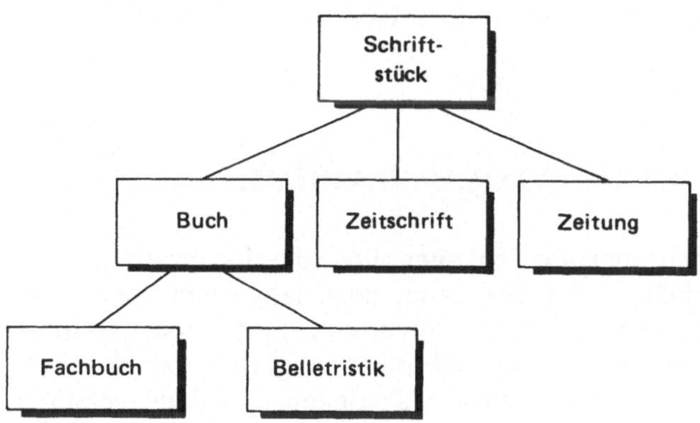

Bild 2-1 : Objekthierarchie

In Bild 2-1 wird das Objekt *Schriftstück* zur Definition der Objekte *Buch*, *Zeitschrift* und *Zeitung* verwendet. *Buch* erbt dabei alle Eigenschaften von *Schriftstück* und kann zusätzlich neue Eigenschaften definieren. Übernommene Eigenschaften wären z.B. die Art der Repräsentation des Inhaltes in einem Rechner (Datenelement) oder ein Algorithmus zur Darstellung auf dem Bildschirm (Verarbeitungselement). Eine neudefinierte Eigenschaft für *Buch* könnte z.B. die interne Gliederung in Kapitel und Abschnitte sein. Diese Eigenschaft unterscheidet auch ein *Buch* von einer *Zeitschrift*, denn in Zeitschriften wird man immer eine andere Gliederung des Inhaltes vorziehen.

Beim Entwurf einer Objekthierarchie werden durch die Hinzunahme weiterer Eigenschaften abgeleitete Objekte immer genauer bestimmt, bis der gewünschte Detaillierungsgrad erreicht ist. Dabei versucht man, die Eigenschaften so zuzuweisen, daß sich die Objekte möglichst gut voneinander unterscheiden lassen. Eigenschaften, die für mehrere Objekte gleich sind, sollten in das gemeinsame Vorgängerobjekt verlegt werden. Kommt etwa in der gezeigten Objekthierarchie die Anforderung zur Übertragung über eine serielle Schnittstelle hinzu, wird man diese Eigenschaft nicht für *Buch*, *Zeitschrift* und *Zeitung* getrennt, sondern möglichst zentral für *Schriftstück* entwerfen.

Auf diese Weise können ganze Objekthierarchien gebildet werden, wobei jedes abgeleitete Objekt eine Spezialisierung seines Vorgängers darstellt. Abgeleitete Objekte bleiben dabei mit Ihren jeweiligen Vorgängern fest verbunden: Werden die Eigenschaften des Vorgängers geändert, wirkt sich dies auch automatisch auf alle Nachfolger aus. Wenn die Objekthierarchien in der Entwurfsphase geeignet gewählt wurden, können Änderungen, die mehrere Objekte betreffen, auf das gemeinsame Vorgängerobjekt beschränkt werden. Durch eine "gute" Objekthierarchie wird daher die Änderungsfreundlichkeit eines Programms wesentlich beeinflußt. Der Definition dieser Hierarchien muß deshalb beim Entwurf des Programmsystems bereits besonderes Augenmerk gewidmet werden.

2.4   Weitergehende Möglichkeiten

Damit sind die neuen Gestaltungsmöglichkeiten, über die der Programmierer bei Verwendung von Objekten verfügen kann, noch lange nicht erschöpft. Konzepte wie "virtuelle Methoden" oder "Polymorphismus" sind wirkungsvolle Mechanismen für eine weitere Produktivitätssteigerung bei der Softwareentwicklung. Sie sind jedoch in Ihrer Mächtigkeit erst dann verständlich, wenn die Grundlagen objektorientierter Denkweise vorhanden sind.

2.5   Objektorientierte Programmierung

Objektorientierter Entwurf befaßt sich hauptsächlich mit dem Entwurf von Objekten, deren Interaktion untereinander sowie mit dem Aufbau von Objekthierarchien. Die Programmiersprache, in der diese Strukturen dann implementiert werden, spielt dabei zunächst keine oder eine nur untergeordnete Rolle. *Objektorientierte Programmierung* hingegen geht von bereits definierten Objekten, Beziehungen und Hierarchien aus und versucht diese Vorgaben in einer Programmiersprache abzubilden. Hier spielen die von der Sprache bereitgestellten Sprachmittel eine größere Rolle, denn nicht alle objektorientierten Sprachen stellen die gleichen Konstrukte bereit und sind daher zur Implementierung auch nicht gleich gut geeignet. Im allgemeinen gilt auch hier, daß für Programme mit speziellen Laufzeit- oder Speicherplatzanforderungen die Sprache C geeigneter, für andere Aufgaben Pascal, Modula oder eine andere Sprache vorteilhafter sein mag. Oftmals ist es auch möglich, verschiedene Sprachen zu mischen, also "hybrid" zu programmieren. Denkbar wäre z.B. eine Codierung von maschinennahen Teilaufgaben in C und die Programmierung von höheren Datenstrukturen z.B. in Pascal. Beschränkt man sich auf Borlands Turbo-Familie, kann den Objekten auf einfache Weise sogar eine gewisse Intelligenz verliehen werden, indem man eine Verbindung mit Turbo-Prolog herstellt.

Objektorientierte Entwicklung und objektorientierte Programmierung sind nur in der Theorie zwei getrennt aufeinanderfolgende Phasen. In der Praxis werden beide Tätigkeiten oft mehr oder weniger gleichzeitig ausgeführt. Trotzdem bedingt die objektorientierte Programmierung immer auch einen objektorientierten Entwurf. Es ist wenig sinnvoll, in einem weit fortgeschrittenen Entwicklungsvorhaben auf objektorientierte Programmierung

umzustellen, ohne einen großen Teil der Entwicklungsphase wiederholen zu
müssen. Objektorientierte Programmiertechniken können nur sinnvoll eingesetzt werden, wenn auch wirklich von vornherein Objekte, Hierarchien etc.
definiert wurden.

Auch hieraus geht hervor, daß der geeigneten Definition von Objekten und
ihrer Beziehungen untereinander eine zentrale Bedeutung zukommt. Mehr
noch als in traditionellen Entwicklungstechniken ist hier eine sorgfältige Arbeit in der Vorphase der Programmierung der Schlüssel zum Erfolg.

2.6　Objektorientiertes Programmieren und Turbo-Pascal

Die Sprache Pascal wurde ursprünglich von Professor Wirth zu Lehrzwecken
entworfen. Ihre weite Verbreitung verdankt sie wohl zum großen Teil der
Firma Borland, die die magere ANSI-Spezifikation der Sprache zu einem
professionellen Programmentwicklungssystem inclusive Editor und interakti-
vem Debugger ausgebaut hat. Was liegt also näher, als sich auf den ursprünglichen Zweck der Sprache zu besinnen und objektorientiertes Programmieren mit Turbo-Pascal zu lernen? Nach der Lektüre dieses Buches besitzt der Leser ein Grundwissen, mit dem er objektorientierte Konstrukte anderer Sprachen verstehen und sinnvoll einsetzen kann.

2.7　Zusammenfassung

Objektorientierter Entwurf ist eine Programmentwicklungstechnik auf der
Grundlage der Schrittweisen Verfeinerung. Objekte können dabei so entworfen werden, daß sie einerseits wiederverwendbar sind und daß andererseits
die Schnittstellenkomplexität reduziert wird. Beide Effekte führen zu einer
weiteren Effizienzsteigerung gegenüber konventionellen Entwicklungsme-
thoden, insbesondere wenn größere Programme entwickelt werden müssen.

3 Objekte: Daten und Algorithmen

3.1 Probleme in traditionellen Sprachen

Ein Grundprinzip in konventionellen prozeduralen Sprachen ist die Trennung von Daten- und Verarbeitungselementen. Die Verarbeitungselemente sind traditionell in Form von Prozeduren oder Funktionen organisiert, und sie erhalten die Daten, auf denen sie arbeiten sollen, als Parameter übergeben (den Fall des Zugriffs auf globale Daten lassen wir zunächst außer acht). Meist werden Prozeduren sogar so entworfen, daß sie an verschiedenen Stellen des Programms mehrfach, meist mit verschiedenen Daten, aufgerufen werden können. Mehrfach gebrauchte Programmteile werden also zusammengefaßt und getrennt vom restlichen Programm als Prozedur abgelegt. Als Endeffekt kann man ganze Bibliotheken von Prozeduren erhalten, die allgemeingültige Aufgaben lösen sollen. Die zahlreichen angebotenen Toolboxen sind ein Beispiel hierfür.

Algorithmen in Form von Prozeduren benötigen jedoch auch Daten. Diese werden im allgemeinen als Parameter übergeben, da sie - historisch bedingt - im Programm an anderer Stelle als die Prozeduren deklariert sind. Die Verbindung zwischen beiden wird erst beim Aufruf der Prozedur, wenn also die Formalparameter durch die Aktualparameter ersetzt werden, vorgenommen. Diese Trennung ist jedoch willkürlich und nur deshalb so allgegenwärtig, weil wir es so gelernt und immer schon so gemacht haben. Schaut man einem Softwareentwickler in der Entwurfsphase bei der Arbeit zu, ergibt sich jedoch ein anderes Bild: Zu einem Problem notiert er die erforderlichen Verarbeitungsschritte und Datenelemente zusammen auf einem Blatt. Erst bei der Implementierung werden Daten und deren Verarbeitung voneinander getrennt, weil die Syntax der Programmiersprache es so vorschreibt.

Hat man z.B. in einem Programm eine Funktion zur Klassifikation von Temperaturen geschrieben, ist es nicht sinnvoll, diese Funktion auch auf Gehälter oder gar auf Zeitstempel von Dateien anzuwenden, auch nicht wenn diese Information ebenfalls als Integer-Zahl abgespeichert ist. Traditionelle Compiler schützen jedoch vor solchen und einer Reihe ähnlicher Fehler nicht: Ist eine Funktion mit einem Formalparameter vom Typ `integer` definiert, kann sie auch mit jedem beliebigen Integerwert aufgerufen werden. Die numerische Manipulation des übergebenen Wertes wird durchgeführt, unabhängig davon, ob es sich um eine Temperatur oder ein Einkommen handelt.

Dieses Problem ist bis zur Trivialität vereinfacht und läßt sich sicherlich durch geeignete Programmierung vermeiden. Das grundlegende Problem bleibt jedoch erhalten und kann höchstens mehr oder weniger verdeckt werden. Kurz gesagt besteht es in folgendem Sachverhalt:

> In traditionellen Sprachen kennt der Compiler nicht die Interpretation eines Datenelementes. Diese ist nur dem Programmierer bekannt. Der Programmierer muß daher anhand dieses Wissens die richtigen Verarbeitungsschritte mit den richtigen Datenelementen kombinieren.

Hier setzt einer der zentralen Gedanken der objektorientierten Programmierung an: *Warum nicht die Temperaturvariable mit der Klassifikationsfunktion für Temperaturen zusammen als eine Einheit deklarieren?* Damit wäre die Anwendung dieses Klassifikators auf ungeeignete Datenelemente ausgeschlossen.

Natürlich müßte es weiterhin möglich sein, die Datenelemente zu höheren Strukturen zu kombinieren. Diese Kombinationsmöglichkeiten dürfen gegenüber dem klassischen Pascal nicht eingeschränkt sein.

3.2   Ein erstes Beispiel

Betrachten wir als erstes Beispiel das angesprochene Klassifikationsproblem.
Normalerweise würde man etwa folgendes codieren:

```
program Beispiel1;

var Temp1, Temp2            : integer;
    Income1, Income2        : longint;

procedure ClassifyTemp( Temp : integer );

begin
if Temp < -10 then
   Writeln( 'wahrscheinlich Winter' )
else
   if Temp > 25 then
      Writeln( 'wahrscheinlich Sommer' )
   else
      Writeln( 'keine Aussage möglich' );
end; {-- ClassifyTemp }

procedure ClassifyIncome( Income : longint );

begin
if Income < 20000 then
   Writeln( 'Sozialfall' )
else
   if Income > 100000 then
      Writeln( 'Unsozialer Fall' )
   else
      Writeln( 'Normalfall' );
end; {-- ClassifyIncome }

begin
end.
```

Im Programm könnte man dann z.B. schreiben:

```
ClassifyTemp( Temp1 );              oder
```

```
ClassifyInc( 30000 );
```

Niemand hindert uns jedoch daran,

```
ClassifyTemp( 30000 );
```

zu schreiben. Auch hier würde ein Programmierer den Fehler wohl sofort an
den nicht zusammenpassenden Größen erkennen, normalerweise sind solche
Fälle aber wesentlich diffiziler, insbesondere wenn man ein größeres Programm nach längerer Pause modifizieren muß.

Unter Verwendung von Objekten könnte man das gleiche Problem etwa wie
folgt notieren:

```
program Beispiel2;

type Temp                      = object
     Value                     : integer;
     procedure Classify;
     end; {-- Temp }

type Income                    = object
     Value                     : longint;
     procedure Classify;
     end; {-- Income }

procedure Temp.Classify;

begin
if Value < -10 then
   Writeln( 'wahrscheinlich Winter' )
else
   if Value > 25 then
      Writeln( 'wahrscheinlich Sommer' )
   else
      Writeln( 'keine Aussage möglich' );
end; {-- Classify }


procedure Income.Classify;

begin
if Value < 20000 then
   Writeln( 'Sozialfall' )
else
   if Value > 100000 then
      Writeln( 'Unsozialer Fall' )
   else
      Writeln( 'Normalfall' );
end; {-- Classify }


begin
end.
```

Vergleicht man die konventionelle mit der objektorientierten Lösung, erkennt man folgende Unterschiede:

- Die Deklaration eines Objekts ähnelt der eines klassischen Records. Zusammengehörige Elemente werden hier durch die Schlüsselworte object und end eingeklammert.

- Die Objektdeklaration enthält neben einem Datenelement (integer) auch ein Verarbeitungselement (procedure).

- Für die Implementierung der beiden classify-Prozeduren wird die bisher nur für Daten definierte Punktnotation verwendet.

- Die beiden classify-Prozeduren haben keine Parameter. Trotzdem können sie auf das jeweilige Datenelement Value zugreifen. Der

Compiler stellt sicher, daß dabei das zum eigenen Objekt gehörige Datenelement verwendet wird.

-   Die Objekte sind als Typen deklariert.

Ausgerüstet mit diesen Deklarationen kann man z.B. schreiben:

```
var T1, T2              : Temp;
    I                   : Income;
```

und später im Programm z.B.

```
T1.Classify;
```

oder

```
I.Classify;
```

Durch das Fehlen von Parametern werden (zumindest an dieser Stelle) Mißverständnisse vermieden. In `T1.Classify` wird die Prozedur `Temp.Classify` aufgerufen, die Variable `Value` ist dabei natürlich `Temp.Value`. Analoges gilt für `I.Classify`.

Die Implementierung dieses einfachen Beispiels mit Mitteln der objektorientierten Programmierung zeigt deutlich die stärkere Bindung von Daten und Algorithmen gegenüber der konventionellen Implementierung. Dies wird erkauft durch einen etwas längeren Quelltext, die Größe der ausführbaren Datei steigt jedoch nicht. Dieses auf den ersten Blick erstaunliche Ergebnis rührt daher, daß die objektorientierte Implementierung des Beispiels genau der konventionellen Implementierung entspricht. Es ist keine neue Funktionalität hinzugekommen: In beiden Fällen sind Datenelemente und Verarbeitung gleich - nur eben unterschiedlich formuliert.

3.3   Zur Sprache

Es gibt einige Bgriffe, die in der objektorientierten Programmierung immer wieder auftauchen. So werden z.B. die Prozeduren und Funktionen eines Objekts allgemein als *Methoden* bezeichnet. Man spricht auch nicht mehr von der *Deklaration eines Objekttyps*, sondern vielmehr einfach von der *Deklaration eines Objekts*. Daß es sich hierbei um eine Typvereinbarung handelt, ist klar, denn Objekte können nicht direkt als Variable deklariert werden. Deklariert man dagegen Variablen eines Objekts, nennt man dies eine *Instanz dieses Objekts erzeugen*. Dieser Ausdruck stammt aus der dynamischen Speicherverwaltung; auch im klassischen Pascal kann man ja mit `New` eine Instanz einer Variablen erzeugen. Wie wir sehen werden, kann man Objekte ebenso dynamisch erzeugen und verwalten wie gewöhnliche Variablen. Die Ausdrücke *Instanz* und *Instanzieren* haben sich für Objekte generell eingebürgert und werden auch für Deklarationen mit `var` verwendet.

4 Ein kleines Fenstersystem

4.1 Aufgabenstellung

Wir wollen im folgenden ein etwas größeres Problem mit Techniken der objektorientierten Programmierung implementieren. Am Beispiel eines einfachen Fenstersystems sollen objektorientierte Techniken aufgezeigt werden. Laufzeit- und Speicherplatzfragen stehen dabei zunächst im Hintergrund; ebenso ist z.B. die Funktionalität wohl kaum ausreichend, um das Programm z.B. als Tool verkaufen zu können.

Das wird hier zunächst in einer sehr einfachen Version entwickelt. Diese wird in den nächsten Kapiteln ausgebaut und erweitert. Dabei kommen immer mehr objektorientierte Techniken zum Einsatz. Am Schluß steht ein System, das als Ausgangsbasis für eine wirklich professionelle Programmierung stehen kann.

Das Fenstersystem soll rechteckige Bereiche zur Ausgabe von Texten auf dem Bildschirm definieren können. Der vor dem Öffnen des Fensters vorhandene Bildschirminhalt an der Position des Rechtecks soll wiederhergestellt werden können. Die Fenster sollen in ihrer Größe verändert und auf dem Bildschirm verschoben werden können.

4.2 Implementierung

Wir werden ein Objekt deklarieren, das neben den erforderlichen Daten auch Prozeduren zum Einrichten, Manipulieren und Löschen eines Fensters beinhaltet. Für jedes Fenster auf dem Bildschirm ist dann eine Instanz dieses Objektes erforderlich.

Bei der Definition eines Fensters greifen wir auf die Turbo-Pascal Prozedur `Window` zurück, die es erlaubt, alle Bildschirmoperationen auf einen rechteckigen Bereich auf dem Bildschirm zu begrenzen. Ergänzt man diesen Bereich um einen Rahmen, erhält man schon ein brauchbares Fenster.

Es gibt jedoch keine Prozedur, um ein solches Fenster wieder zu schließen. Dazu muß der ursprüngliche Bildschirminhalt an der Stelle des Fensters wiederhergestellt werden. Dies geht natürlich nur, wenn er vor dem Öffnen gesichert wurde. Da diese Sicherung für jedes Fenster erneut erforderlich ist, verwenden wir hierfür eine Variable im Objekt.

Die Bildschirmausgabe stellt wohl in keiner Sprache ein Problem dar. Zum Einlesen von Bildschirminhalten in Variable ist jedoch keine Möglichkeit vorhanden. Dazu ist der direkte Zugriff auf den Bildschirmspeicher des Rechners erforderlich.

4.3   Die Bildschirmhardware

In IBM-kompatiblen PCs können eine Reihe von verschiedenen Bildschirmadaptern eingesetzt werden. Die gebräuchlichsten sind Hercules, CGA und neuerdings auch EGA und VGA Adapter. Sie sind alle "memory mapped", d.h. der Bildspeicher ist irgendwo im Hauptspeicher des Rechners angeordnet. Für jedes Zeichen auf dem Bildschirm werden dabei zwei Byte verwendet: eines für das Zeichen selber und eins für das Attribut des Zeichens. Das Attributbyte enthält die Farbe des Zeichens sowie andere Informationen. Die Kenntnis dieser Codierung ist für die gestellte Aufgabe nicht erforderlich, da wir die Zeichen ja nur speichern und später ohne Änderung wieder zurückkopieren wollen.

Unglücklicherweise ist die Startadresse des Bildschirmspeicherbereiches nicht für alle Bildschirmadapter gleich. Beschränkt man sich auf den normalen 25x80 Zeichen-modus, kommen noch die beiden Adressen $B800:0 und $B000:0 in Frage.

4.4   Die Objektdeklaration

Wir benötigen also eine Variable zur Aufnahme des zwischenzuspeichernden Bildschirminhaltes sowie eigene Prozeduren zum Öffnen und Schließen des Fensters. Variable und Prozeduren werden zum Objekt WndT zusammengefaßt:

```
type WndT                    = object

     Buffer                  : array[ 1..25*80*2 ] of char;

     procedure Open( XMin, YMin, XMax, YMax : integer );
     procedure Close;

     end; {-- WndT }
```

Die beiden Prozeduren open und close in der Objektdeklaration definieren die
Methoden des Objekts. Obwohl in der objektorientierten Programmierung
von Methoden gesprochen wird, schreibt man in Turbo-Pascal traditionell
procedure und function.

Daten- und Methodendefinition können nicht gemischt werden. Zuerst müssen alle Datenelemente, dann alle Methoden definiert werden.

4.5   Die Objektimplementierung

Die Methoden in der Objektdeklaration haben die Wirkung einer forward-Deklaration, d.h. sie müssen weiter unten im Programmtext implementiert werden. Der Implementierungsteil muß nicht sofort auf den Deklarationsteil folgen, sondern zwischen beiden Teilen können weitere Deklarationen oder
Prozedurimplementierungen stehen.

Die Implementierung der beiden Methoden könnte etwa folgendermaßen aussehen:

```
procedure WndT.Open( XMin, YMin, XMax, YMax : integer )

var ScreenBase                : word; {-- Segmentaddr. Bildschirmspeicher }

begin

ScreenBase:= GetScreenBase;
Move( ptr( ScreenBase, 0 )^, Buffer, 25*80*2 );
Window( XMin, YMin, XMax, YMax );

end; {-- Open }

procedure WndT.Close;

var ScreenBase                : word; {-- Segmentaddr. Bildschirmspeicher }

begin

ScreenBase:= GetScreenBase;
Window( 1, 1, 80, 25 );
Move( Buffer, ptr( ScreenBase, 0 )^, 25*80*2 );

end; {-- Close }
```

Im Implementierungsteil müssen die Methoden mit vollem Namen, also mit
vorangestelltem Objektbezeichner, angegeben werden. Dies ist erforderlich,
da mehrere Objekte z.B. eine Prozedur close definieren können. Außerdem
wäre es sonst nicht möglich, eine "normale" Prozedur mit dem Namen close
zu definieren.

Analog zur konventionellen Forward-Definition kann bei der Implementierung
der Prozedur die Parameterliste auch weggelassen werden. Man könnte also
statt

```
procedure WndT.Open( XMin, YMin, XMax, YMax : integer );
```

auch einfach

```
procedure WndT.Open;
```

schreiben. Wenn die Objekte größer werden, ist diese Form nicht mehr zu
empfehlen, denn die Formalparameter der Parameterliste können ja gleichzeitig auch Deklarationen lokaler Variablen sein. Die Vereinbarung lokaler
Variablen gehört aber sicherlich zum Implementierungsteil einer Prozedur.
Deshalb ist es mehr als nur guter Stil, die Parameterliste im Implementierungsteil zu wiederholen.

Die Funktion GetScreenBase liefert die Segmentadresse des Bildschirmspeichers zurück. Zur vollständigen Adresse fehlt dann noch der Offset-Teil, der
hier immer 0 ist, da der Bildschirmspeicher grundsätzlich an einer Segment-
grenze beginnt. Das Konstrukt ptr(ScreenBase, 0) ist also ein Zeiger auf die
Anfangsadresse des Bildschirmspeichers des jeweiligen Bildschirmadapters.

```
function GetScreenBase : word;
{
    liefert die Segmentadresse des Bildschirmspeichers
}

var R                      : Registers;

begin
Intr( $11, R ); {-- BIOS EquipmentList }
if R.AX and $30 = $30 then {-- Monochromadapter }
   GetScreenBase:= $B000
else
   GetScreenBase:= $B800;
end; {-- GetScreenBase }
```

Die Anordnung der Prozedur im Programmtext ist unkritisch, wir haben Sie
zur Demonstration zwischen Objektdeklaration und -Implementierung plaziert. Wegen ihrer allgemeinen Verwendbarkeit werden wir sie später in eine
Unit mit allgemeinen Hilfsprozeduren verlegen.

Um den ersten Entwurf des Fenstersystems zu testen, verwenden wir folgendes Hauptprogramm, das ein Fenster der Größe 15x10 erzeugt und dieses mit
zufälligen Buchstaben füllt:

```
var W : WndT;

begin
ClrScr;

W.Open( 10, 10, 25, 20 );
while not Keypressed do
   begin
   Delay( 50 );
   Write( char( Random( 26 ) + 65 ) );
   end;

W.Close;

end.
```

Im diesem Programm ist w kein Objekt, sondern eine *Instanz* eines Objekts.
Durch die Zeile var w : WndT wird eine Instanz des Objekts WndT erzeugt.

4.6   Die with-Anweisung

Ähnlich wie bei Records ist auch für Objekte die Verwendung der with-Anweisung möglich. Die Anwendung ist in diesem Beispiel nicht besonders
sinnvoll, da die beiden einzelnen Anweisungen w.Open und w.Close relativ weit
auseinanderstehen. Es wird hier nichts an Klarheit gewonnen, das folgende
Programm dient lediglich zur Demonstration:

```
var W : WndT;

begin
ClrScr;

with W do
   begin
   Open( 10, 10, 25, 20 );
   while not Keypressed do
      begin
      Delay( 50 );
      Write( char( Random( 26 ) + 65 ) );
      end;

   Close;
   end;

end.
```

4.7 Zuweisung von Objekten

Hat man mehrere Variable eines Objekttyps deklariert, sind damit bereits
mehrere Instanzen eines Objekts erzeugt. Bei der Zuweisung einer Instanz an
eine Variable wird daher lediglich der Datenbereich kopiert. Es wird keine
neue Instanz erzeugt!

Die obige Definition von WndT vorausgesetzt, kann man z.B. folgende Zuweisung vornehmen:

```
var W1, W2 : WndT;

begin
Clrscr;

W1.Open( 10, 10, 25, 20 );
W2:= W1;
```

Nun kann man zum Schließen des Fensters sowohl W1.Close als auch W2.Close
aufrufen. In diesem Beispiel ist es nicht tragisch, wenn versehentlich beide
Instanzen geschlossen werden. Das liegt unter anderem daran, daß das Beispiel so einfach wie möglich gehalten wurde. Wenn z.B. das Fenstersystem
dahingehend erweitert wird, daß Close vorher belegten Speicher auf dem
Heap wieder freigibt, führt eine zweimalige Freigabe desselben Speicherbereiches zu einem undefinierten Zustand des Heap. Nicht immer wird dabei
eine Fehlermeldung vom Laufzeitsystem erzeugt!

4.8 Objekte als Parameter für Prozeduren und Funktionen

Instanzen können wie normale Variable als var- oder value-Parameter an Prozeduren und Funktionen übergeben werden. Bei der Übergabe als var-Parameter wird ein Zeiger auf die Instanz übergeben, so daß diese Instanz innerhalb der Prozedur bearbeitet werden kann.

Bei der Übergabe als value-Parameter wird eine Kopie der Instanz übergeben.
Diese lokale Kopie existiert nur innerhalb der Prozedur, Änderungen wirken
sich auf die Originalinstanz nicht aus. Dieser Mechanismus ist analog zur bekannten Variablenübergabe im klassischen Pascal.

Im folgenden Beispiel wird eine Instanz als value-Parameter übergeben. Nur
diese lokale Kopie wird gelöscht, das Original bleibt erhalten.

```
procedure Delete( LocalW : WndT );
begin
with LocalW do
  FillChar( Buffer, SizeOf( Buffer ), #0 );
end; {-- Delete }
```

Am einfachsten stellt man sich ein Objekt zum Zweck der Parameterübergabe als `record` vor. Im obigen Beispiel wäre das also

```
type WndT                      = record
       Buffer                  : array[ 1..25*80*2 ] of char;
     end; {-- WndT }
```

4.9   Objektkonstanten

Genauso wie typisierte Konstanten (die ja eigentlich initialisierte Variablen sind) können Objektkonstanten definiert werden. Die Objektdeklaration kann man sich hier wiederum als `record`-Vereinbarung vorstellen.

Das folgende Objekt kann zur Repräsentation einer komplexen Zahl verwendet werden. Als Beispiel einer Operation mit komplexen Zahlen soll die Addition implementiert werden.

```
type ComplexT                  = object

       XReal, XImg             : real;

       procedure Add( var Value : ComplexT );
       procedure Print;

       end; {-- ComplexT }

procedure ComplexT.Add( var Value : ComplexT );

begin

XReal:= XReal + Value.XReal;
XImg := XImg  + Value.XImg;

end; {-- Add }

procedure ComplexT.Print;

begin
Writeln( '(', XReal, '/', XImg, ')' );
end; {-- Print }

var V1 : ComplexT;

const C1 : ComplexT = ( XReal : 2; XImg : 5 );
      C2 : ComplexT = ( XReal : 4; XImg : 7 );
```

```
begin

Write( 'C1       : ' ); C1.Print;
Write( 'C2       : ' ); C2.Print;

C2.Add( C1 );
Write( 'C1 + C2 : ' ); C2.Print;

end.
```

4.10 Dynamische Objekte

Bis jetzt haben wir Instanzen von WndT mit der var-Anweisung im Datensegment erzeugt. Mit den bekannten Anweisungen New bzw. Getmem können Objekte auch auf dem Heap angelegt werden. Dies bezieht sich natürlich nur auf
die Daten des Objektes; der Code für die Methoden landet weiterhin im Codesegment. Die Vorgehensweise bei der dynamischen Verwaltung von Objekten ist dabei analog zur konventionellen dynamischen Speicherverwaltung:

```
var W1, W2, W3 : ^WndT;

begin

New( W1 );
W1^.Open( 10, 10, 25, 20 );
while not Keypressed2 do
   Write( char( Random( 26 ) + 65 ) ); {-- Buchstaben }

New( W2 );
W2^.Open( 13, 13, 28, 23 );
while not Keypressed2 do
   Write( char( Random( 10 ) + 48 ) ); {--- Zahlen }

New( W3 );
W3^.Open( 5, 14, 16, 16 );
while not Keypressed2 do
   Write( char( Random( 14 ) + 33 ) ); {--- einige Sonderzeichen }

W3^.Close; Dispose( W3 );
W2^.Close; Dispose( W2 );
W1^.Close; Dispose( W1 );

end.
```

Etwas gewöhnungsbedürftig ist nur die Notation der Methodenaufrufe, für
die jetzt natürlich auch Zeiger verwendet werden müssen. Dies hat aber
nichts mit Prozedurvariablen zu tun!

Die Prozedur Keypressed2 ist eine weitere Hilfsprozedur, die genau wie
Keypressed TRUE zurückliefert, wenn eine Taste gedrückt wurde. Zusätzlich
wird dieses Zeichen aus dem Tastaturpuffer entfernt, da nachfolgende Aufrufe von Keypressed sonst immer TRUE liefern würden.

Eine Implementierungsmöglichkeit zeigt das folgende Listing:

```
function Keypressed2 : boolean;

var C                       : char;

begin
if Keypressed then
   begin
   KeyPressed2:= true;
   C:= ReadKey;
   end
else
   KeyPressed2:= false;
end; {-- KeyPressed2 }
```

Die Zuweisung von Objekt-Zeigervariablen ist problemlos möglich. Man
kann z.B. folgendes codieren:

```
var W1, W2   : ^WndT;

begin

New( W1 );
W1^.Open( 10, 10, 25, 20 );
while not Keypressed2 do
    Write( char( Random( 26 ) + 65 ) ); {-- Buchstaben }

W2:= W1;
W2^.Close; Dispose( W2 );
end.
```

Hier wird keine Kopie des Objekts erzeugt, sondern W1 und W2 zeigen in der
aus der konventionellen Programmierung bekannten Weise auf das gleiche
Objekt.

Sollte hier irrtümlich später zusätzlich W1^.Close aufgerufen werden, hat dies
nicht notwendigerweise so fatale Folgen wie im weiter oben dargestellten
Falle der Duplizierung von Objekten bei der direkten Zuweisung. Close kann
nämlich so erweitert werden, daß beim Schließen z.B. eine Statusvariable
entsprechend gesetzt wird. Ein doppeltes Schließen der gleichen Instanz kann
so erkannt werden.

4.11 Erweiterung auf mehrere Fenster

Die Erweiterung des kleinen Fensterprogramms auf mehrere Fenster bereitet keine Schwierigkeiten. Es werden einfach mehrere Instanzen von WndT erzeugt, deren Open-Methoden nacheinander aufgerufen werden, etwa wie im folgenden Hauptptrogramm:

```
var W1, W2, W3 : WndT;

begin
ClrScr;

W1.Open( 10, 10, 25, 20 );
while not Keypressed2 do
   Write( char( Random( 26 ) + 65 ) ); {-- Buchstaben }

W2.Open( 13, 13, 28, 23 );
while not Keypressed2 do
   Write( char( Random( 10 ) + 48 ) ); {--- Zahlen }

W3.Open( 5, 14, 16, 16 );
while not Keypressed2 do
   Write( char( Random( 14 ) + 33 ) ); {--- einige Sonderzeichen }

W3.Close;
W2.Close;
W1.Close;

end.
```

Da im Hauptprogramm drei Instanzen für WndT erzeugt werden, reserviert der Compiler Speicherplatz für drei Buffer-Variablen. Der Code für die beiden Methoden wird jedoch nur einmal aufgenommen.

Beachten Sie bitte, daß die Fenster in umgekehrter Reihenfolge wieder geschlossen werden. Eigentlich würde ja der Aufruf von W1.close ausreichen, da dadurch der gesamte Bildschirminhalt wiederhergestellt würde. Das wäre schlechter Programmierstil, denn wir gehen dabei von Wissen über die interne Implementierung von WndT aus, die uns als Nutzer des Objekts nicht interessieren sollte. Was wäre, wenn die nächste Version des Fenstersystems aus Speicherplatzgründen nur den tatsächlich verwendeten Bildschirmspeicherbereich sichert?

Nicht immer sind die Folgen so klar und ungefährlich wie hier. Als Programmierer eines größeren Systems kann man sich sicherlich schnell genügend abschreckende Beispiele für solche Nebeneffekte ausdenken.

Erreicht das Programm die Anweisung W2.Open, muß zur Prozedur WndT.Open verzweigt werden. Dies stellt für den Compiler kein Problem dar, da W2 eine Instanz von WndT ist und daher nur WndT.Open in Frage kommt.

WndT.Open hat jedoch keine Parameter. Im Quelltext der Prozedur steht aber eine Referenz auf Buffer, und zur Übersetzungszeit der Methode ist noch nicht bekannt, ob es sich dabei um W1.Buffer oder eine beliebige andere Instanz von WndT handelt. Dieses Problem lösen objektorientierte Programmiersprachen durch einen implizit übergebenen, versteckten Parameter.

4.12 Der Self-Parameter

Bei der Übersetzung von WndT.Open trifft der Compiler auf eine Referenz auf Buffer. Welche Adresse soll für Buffer verwendet werden? Bei der Objektdeklaration ist noch kein Speicher zugewiesen worden, da dies erst bei der Erzeugung einer aktuellen Instanz geschieht .

Das Problem wird mit Hilfe eine versteckten Parameters gelöst. Die Parameterliste von WndT.Open wird dabei vom Compiler automatisch um einen zusätzlichen Parameter ergänzt, der beim Aufruf mit der Startadresse der Objektinstanz besetzt wird. Technisch wird dazu ein gewöhnlicher Zeiger verwendet, von der Syntax her wird er als var-Parameter vom entsprechenden Objekttyp notiert.

Der Parameter hat den festen Namen self und wird als letzter Wert in die Parameterliste eingefügt. Der Compiler codiert für WndT.Open also

```
procedure WndT.Open( XMin, YMin, XMax, YMax : integer; var Self : WndT );
```

und entsprechend im Prozedurtext

```
with Self do
   begin

   < Eigentlicher Prozedurtext>

   end;
```

Beim Aufruf der Methode wird dann im Hauptprogramm die aktuelle Instanz hinzugefügt:

```
W1.Open( 10, 10, 25, 20, W1 );
W2.Open( 13, 13, 28, 23, W2 );
W3.Open( 5, 14, 16, 16, W3 );
```

Beachten Sie bitte, daß diese Beispiele nur zur Demonstration der impliziten Parameterübergabe dienen. Obwohl es natürlich möglich ist, Objekte als Parameter zu übergeben, würde der Compiler in diesen Fällen die Fehlermeldung Duplicate Identifier ausgeben, da self ein vordefinierter Bezeichner ist.

`self` kann andererseits vom Programmierer explizit verwendet werden, z.B. um Mehrdeutigkeiten aufzulösen. Im folgenden Beispiel wird ein Objekt vom eigenen Objekttyp als Parameter übergeben:

```
type ComplexT               = object

      XReal, XImg           : real;

      function IsEqual( var CompareNumber : ComplexT ) : boolean;

      end; {-- ComplexT }

function ComplexT.IsEqual( var CompareNumber : ComplexT ) : boolean;

begin
with CompareNumber do
   IsEqual:= ( Self.XReal = XReal ) and ( Self.XImg = XImg );
end; {-- IsEqual }
```

Die ohne Verwendung von `self` entstehende Mehrdeutigkeit könnte man nur durch Verzicht auf die (bequeme) `with`-Anweisung auflösen:

```
function ComplexT.IsEqual( var CompareNumber : ComplexT ) : boolean;

begin
IsEqual:= ( CompareNumber.XReal = XReal ) and ( CompareNumber.XImg = XImg );
end; {-- IsEqual }
```

Die Objektvariablen sind mit Hilfe dieses Mechanismus automatisch in allen Methoden des Objekts sichtbar. Sie können aber nicht (wie globale Variablen etwa) in einer Methode redefiniert werden. Daraus folgt, daß die Formalparameter sowie die lokalen Variablen einer Methode nicht den gleichen Namen wie ein Datenelement des Objekts haben können.

Die folgenden beiden Konstruktionen sind aus diesem Grunde unzulässig:

```
type ComplexT               = object

      XReal, XImg           : real;

      procedure SetValue( XReal, XImg : real );

      end; {-- ComplexTT }

procedure ComplexT.SetValue( XReal, XImg : real );
begin
Self.XReal:= XReal;
Self.XImg := XImg;
end; {-- SetValue }
```

```
type ComplexT                 = object

    XReal, XImg               : real;

    procedure SetValue( NewXReal, NewXImg : real );

    end; {-- ComplexTT }


procedure ComplexT.SetValue( NewXReal, NewXImg : real );

var Xreal, XImg               : real;

begin
end; {-- SetValue }
```

In beiden Fällen erhält man die Fehlermeldung Duplicate Identifier, wenn der
Compiler die Implementierung der Methode erreicht.

4.13 Der Übersetzungsvorgang

Um ein besseres Verständnis der Unterschiede zwischen objektorientiertem
und konventionellem Ansatz zu gewinnen, kann man sich überlegen, was bei
der Übersetzung von Objektdefinition, Implementierung und Hauptprogramm passiert.

Wir verwenden als Demonstrationsobjekt die Objektdefinition aus Abschnitt
4.4 zusammen mit der zugehörigen Implementierung aus Abschnitt 4.5. Wird
die Übersetzung dieses Programms gestartet, sieht der Compiler zuerst die
Objektdefinition. Die Datenelemente werden wie ein gewöhnlicher record behandelt, in unserem Falle also

```
type WndT                     = record

    Buffer                    : array[ 1..25*80*2 ] of char;

    end; {-- WndT }
```

Die folgenden Methodendeklarationen werden als Forward-Deklarationen interpretiert, allerdings wird der Objektname vorangestellt. Abgesehen von der
für Prozeduren im klassischen Pascal nicht möglichen Punktnotation wäre
dies in unserem Fall analog zu

```
procedure WndT.Open( XMin, YMin, XMax, YMax : integer ); forward;
procedure WndT.Close; forward;
```

Als nächstes folgt die Implementierung der Methoden. Die Prozeduren müssen dort mit vollständigem Namen (also incl. Objektnamen) angegeben wer-

den. Sie entsprechen daher genau den im Definitionsteil spezifizierten zugehörigen Forward-Deklarationen.

Genaugenommen wird in der Forward-Deklaration und in der Implementierung noch der self-Parameter eingefügt. Wichtig ist, daß der self-Parameter zwar in der Parameterliste nicht in Erscheinung tritt, vom Compiler aber wie eine normale Variable verwaltet wird. self wird automatisch deklariert, und zwar mit dem Typ des jeweiligen Objekts.

In unserem Fall wurde self also analog zur Anweisung

```
var Self : WndT;
```

deklariert. Beachten Sie, daß WndT früher in der Übersetzung als record interpretiert wurde. Bevor mit der Übersetzung der eigentlichen Methode begonnen wird, fügt der Compiler noch die Anweisung

```
with Self do
```

ein. Trifft der Compiler nun auf eine Referenz eines Datenelements des Objekts, kann diese Referenz dank der intern generierten with-Anweisung problemlos aufgelöst werden.

Da für die interne Definition von self WndT als gewöhnlicher record interpretiert wurde, können Methoden nicht so einfach referenziert werden. Sie müssen grundsätzlich mit vollständigem Namen (also mit vorangestelltem Objektnamen) referenziert werden.

Während der Übersetzung der Objektdefinition wurden die Datenelemente zu einem record zusammengefaßt. Die Instanzierung eines Objekts kann deshalb vollständig auf die Deklaration eben diesen Typs zurückgeführt werden. Schreibt man also

```
var W : WndT;
```

interpretiert der Compiler WndT in dieser Zeile als

```
type WndT                = record
    Buffer               : array[ 1..25*80*2 ] of char;
    end; {-- WndT }
```

Analog wird die Instanzierung mit New oder GetMem auf dem Heap bzw. einer lokalen Instanz auf dem Stack durchgeführt.

Durch die interne Definition als record kann man überall im Programm auf die Datenelemente des Objekts mit der gewohnten Punktnotation zugreifen. Ebenso kann die Definition von Objektkonstanten einfach auf die Definition typisierter Konstanten zurückgeführt werden.

Eine Referenz einer Methode (entweder im Hauptprogramm oder im Implementierungsteil einer (anderen) Methode) enthält immer zwei Teile: eine Objektreferenz vor dem Punkt und eine Methodenreferenz. Die Anweisung W1.Open(...) wird folgendermaßen aufgelöst: Zuerst wird die Objektreferenz extrahiert. In diesem Beispiel ist W1 eine Instanz, die auf das zugehörige Objekt WndT zurückgeführt wird. Das Ergebnis, WndT.Open(...) kann sofort zugeordnet werden, da eine Prozedur genau diesen Namens schon übersetzt wurde.

Dieser Abschnitt zeigt, daß die bis jetzt eingeführten objektorientierten Sprachmittel sich recht einfach auf bestehende Sprachmittel zurückführen lassen. Technisch gesehen handelt es sich im wesentlichen um die Einführung des self Parameters und der impliziten with-Anweisung sowie - was die Daten betrifft - die Interpretation als gewöhnlicher record.

4.14 Vergleich mit konventioneller Implementierung

Das Fenstersystem in seiner jetzigen Form kann problemlos mit konventionellen Sprachmitteln realisiert werden. Folgende Implementierung liegt nahe:

```
type BufferT              = array[ 1..25*80*2 ] of char;

procedure Open( XMin, YMin, XMax, YMax : integer; var Buffer : BufferT );

var ScreenBase            : word; {-- Segmentaddr. Bildschirmspeicher }

begin

ScreenBase:= GetScreenBase;
Move( ptr( ScreenBase, 0 )^, Buffer, 25*80*2 );
Window( XMin, YMin, XMax, YMax );

end; {-- Open }

procedure Close( Var Buffer : BufferT );

var ScreenBase            : word; {-- Segmentaddr. Bildschirmspeicher }

begin

ScreenBase:= GetScreenBase;
Window( 1, 1, 80, 25 );
Move( Buffer, ptr( ScreenBase, 0 )^, 25*80*2 );

end; {-- Close }
```

```
{---------------- Hauptprogramm ---------------}

var B1, B2, B3 : BufferT;

begin
ClrScr;

Open( 10, 10, 25, 20, B1 );
while not Keypressed2 do
   Write( char( Random( 26 ) + 65 ) ); {-- Buchstaben }

Open( 13, 13, 28, 23, B2 );
while not Keypressed2 do
   Write( char( Random( 10 ) + 48 ) ); {--- Zahlen }

Open( 5, 14, 16, 16, B3 );
while not Keypressed2 do
   Write( char( Random( 14 ) + 33 ) ); {--- einige Sonderzeichen }

Close( B1 );
Close( B2 );
Close( B3 );

end.
```

Zweifelsohne sehen konventionelle und objektorientierte Implementierung sehr ähnlich aus. Vergegenwärtigt man sich noch das über die implizite Parameterübergabe Gesagte, sind eigentlich keine Unterschiede mehr zu sehen. Die Übergabe von Buffer muß eben in konventionellem Pascal manuell codiert werden, aber das ist dann schon alles.

Ist es wirklich schon alles? In diesem Beispiel ja, und vor allem, wenn man die beiden Implementierungen unter technischen Gesichtspunkten sieht, wie wir das bis jetzt getan haben. Aus Anwendersicht (und das ist hier der Programmierer) sieht die Sache anders aus.

Beim Entwurf des Fenstersystems haben wir festgestellt, daß wir eine Variable zur Zwischenspeicherung des Bildschirminhalts sowie eine Prozedur zur Durchführung der Speicherung benötigen. Es ist klar, daß die Prozedur auf diese Variable zugreifen muß. Warum also die Variable als Parameter übergeben, wenn schon beim Programmdesign klar ist, daß die Prozedur die Variable immer braucht?

Mit objektorientierter Programmierung drücken wir genau diesen Zusammenhang durch die Klammerung von Datenelementen und Verarbeitungsschritten zwischen den Schlüsselworten object und end aus. Über den self-Parameter stehen die Daten nun den Prozeduren (und nur diesen) ohne explizite Übergabe zur Verfügung.

Weiterhin sollten Variablen vom Typ Buffer dem Anwender nicht zugänglich sein, da sich die mit diesen Daten erlaubten Operationen auf den Aufruf von Open und Close beschränken. In der konventionellen Implementierung müssen

die Puffer global deklariert werden, da die Arbeitsprozeduren sonst nicht
darauf zugreifen können. Sie stehen damit prinzipiell aber auch anderen Prozeduren zur Verfügung. Damit entsteht eine nicht zu unterschätzende Fehler-
quelle bei der Programmentwicklung, wie das Beispiel mit Temp und Income
aus Kapitel 3 zeigt.

In der objektorientierten Programmierung wird Buffer innerhalb des Objekts
versteckt und sollte dem Anwender nicht direkt zur Verfügung stehen. Der
Konjunktiv im letzten Satz ist (leider?) erforderlich, denn in Turbo-Pascal ist
der direkte Zugriff auf objektinterne Daten ohne weiteres möglich. Turbo-
Pascal ist in diesem Sinne keine "reine" objektorientierte Programmiersprache wie z.B. Smalltalk. Die Möglichkeit zum direkten Zugriff findet sich
nicht nur in Turbo-Pascal, sondern in allen gängigen objektorientierten Programmiersprachen, also auch z.B. in Pascal:QuickQuick-Pascal, C++ und
Objective-C. Dies hat einen sehr praktischen Grund: Ohne die direkte
Zugriffsmöglichkeit wäre man gezwungen, für tatsächlich jeden denkbaren
Zugriff auf Objektdaten eine Methode zu definieren.

Aus theoretischer Sicht ist so etwas sicherlich wünschenswert, für den praktischen Einsatz aber ungeeignet. Es soll dem Programmierer überlassen bleiben, für welche Zugriffe er Methoden definiert bzw. wo er besser direkt zugreift.

Diese Argumentation ist noch nicht vollständig. Wesentliche Ziele objektorientierter Programmierung sind *Erweiterbarkeit* und *Wiederverwendbarkeit*
einmal entwickelter Programmteile. Man muß dazu verstehen, wie bereits
vorhandene Objekte zur Definition weiterer Objekte herangezogen werden
können. Hierüber erfahren Sie alles im nächsten Kapitel.

5 Vererbung

5.1 Begriffsdefinitionen

Einmal vorhandene Objekte können zur Definition weiterer Objekte herangezogen werden. Das Objekt, das zur Definition verwendet wird, heißt *Vorgänger-* oder *Vaterobjekt*. Das neue Objekt wird *abgeleitetes Objekt* oder *Nachkomme* genannt. Bei dieser Art von Objektdefinition, auch *Ableitung* genannt, erhält das abgeleitete Objekt zunächst alle Eigenschaften seines Vorgängers. Eigenschaften sind hier natürlich Daten und Methoden des Objekts.

5.2 Ein Beispiel für Vererbung

Als Beispiel wollen wir eine Ableitung des `WndT`-Objekts aus dem letzten Kapitel bilden.

```
type Wnd2T                = object( WndT )
     end; {-- Wnd2T }
```

Das neue Objekt referenziert seinen Vorgänger durch den in Klammern gestellten Objektnamen nach dem Schlüsselwort `object`. In diesem Beispiel werden weder neue Datenelemente noch neue Methoden definiert. Da aber ein abgeleitetes Objekt alle Daten und Methoden seines Vorgängers erbt, besitzt `Wnd2T` bereits das Datenelement `Buffer` sowie die beiden Methoden `Open` und `Close`. Es ist also völlig korrekt zu schreiben

```
var W                   : Wnd2T;

begin

W.Open( 10, 10, 20, 15 );
{... Ausgabe in das Fenster }
W.Close;
end.
```

Wichtig ist hier, daß durch die Ableitung keine Kopie des Vaterobjekts erzeugt wird. Zu diesem Zeitpunkt kann noch nichts kopiert werden, da es noch keine Instanz gibt. Die Ableitung, aus technischer Sicht die Referenz auf das Vaterobjekt, ist nur eine Information für den Compiler, die Daten und Methoden des Vorgängers in den Sichtbarkeitsbereich mit aufzunehmen.

5.3   Neue Eigenschaften

Das neue Objekt kann weitere Daten und Methoden definieren, die dann zusätzlich zu den geerbten Eigenschaften vorhanden sind.

Wir wollen als Beispiel eine neue Methode definieren, die die Änderung der Fenstergröße erlaubt.

```
type Wnd2T                 = object( WndT )

    procedure ReSize( XMin, YMin, XMax, YMax : integer );

    end; {-- Wnd2T }


procedure Wnd2T.Resize( XMin, YMin, XMax, YMax : integer );

begin
Window( XMin, YMin, XMax, YMax);
end; {-- ReSize }
```

Im Hauptprogramm könnte man dann z.B. schreiben

```
var W                      : Wnd2T;

begin

W.Open( 10, 10, 20, 15 );
while not Keypressed2 do
   Write( char( Random( 26 ) + 65 ) );

W.ReSize( 10, 10, 25, 18 );

while not Keypressed2 do
   Write( char( Random( 26 ) + 65 ) );

W.Close;

end.
```

Es macht keinen Unterschied, ob eine Methode in einem Objekt definiert oder geerbt wurde. Geerbte Methoden werden genauso aufgerufen wie neu definierte.

Warum codieren wir `Wnd2T.Resize` als Methode? Mit dem gleichen Effekt könnte man doch gleich `Window` aufrufen. Das ist technisch möglich und wird auch von vielen Programmierern so codiert. Es ist im Sinne objektorientierter Programmierung aber falsch.

Wir haben anfangs ein Objekt als Baustein zur Lösung eines bestimmten Problems definiert. Alle Daten und Verarbeitungsschritte, die zur Lösung des Problems erforderlich sind, müssen in das Objekt aufgenommen werden.

Weiterhin sollen Schnittstellen und Implementierung getrennt sein. Der Nutzer des Objekts soll nichts darüber wissen (müssen), wie das Problem gelöst wird. Nur wenn der Nutzer ausschließlich über die Schnittstellen mit dem Objekt kommuniziert, kann erreicht werden, daß eine bestehende Implementierung durch eine bessere ersetzt werden kann, ohne daß Nutzerprogramme ebenfalls geändert werden müssen.

Da in unserem Fenstersystem die Aufgabe "die Größe eines Fensters verändern" eindeutig zur Gesamtaufgabe "Fenstersystem" gehört, muß für diese Aufgabe auch eine eigene Methode definiert werden.

5.4   Redefinieren von Eigenschaften

Wenn in einem Objekt eine Methode neu definiert wird, nimmt diese die Stelle der alten ein. Die alte Methode steht dann nicht mehr ohne weiteres zur Verfügung. Dieser Redefinitionsmechanismus funktioniert nur bei Methoden, nicht aber bei Daten. Wird versucht, ein Datenelement zu redefinieren, meldet der Compiler stattdessen `Duplicate Identifier`.

Die Redefinition von Methoden wird häufig verwendet, um abgeleiteten Objekten eine verbesserte Funktionalität zu verleihen. Im folgenden Beispiel gehen wir davon aus, daß das Objekt `WndT` wie im letzten Kapitel definiert und implementiert wurde.

Nun sollen die Methoden so erweitert werden, daß doppeltes Öffnen bzw. Schließen eines Fensters erkannt wird. Zusätzlich sollen die Fensterkoordinaten im Objekt gespeichert werden.

Ein erster Entwurf könnte etwa so aussehen:

```
type NewWndT                = object( WndT )

        WXMin, WYMin, WXMax, WYMax : integer;
        Status                     : ( Inactive, Active );

        procedure Open( XMin, YMin, XMax, YMax : integer );
        procedure Close;

        end; {-- NewWndT }
```

```
procedure NewWndT.Open( XMin, YMin, XMax, YMax : integer );

var ScreenBase              : word; {-- Segmentaddr. Bildschirmspeicher }

begin

if Status = Active then
   begin
   Writeln( 'Fenster schon offen' );
   Exit;
   end;

WXMin:= XMin; WYMin:= YMin;
WXMax:= XMax; WYMax:= YMax;
Status:= Active;

ScreenBase:= GetScreenBase;
Move( ptr( ScreenBase, 0 )^, Buffer, 25*80*2 );
Window( XMin, YMin, XMax, YMax );

end; {-- Open }

procedure NewWndT.Close;

var ScreenBase              : word; {-- Segmentaddr. Bildschirmspeicher }

begin

if Status = Inactive then
   begin
   Writeln( 'Fenster schon geschlossen' );
   Exit;
   end;

WXMin:= 1; WXMax:= 80;
WYMin:= 1; WYMax:= 25;
Status:= Inactive;

ScreenBase:= GetScreenBase;
Window( 1, 1, 80, 25 );
Move( Buffer, ptr( ScreenBase, 0 )^, 25*80*2 );

end; {-- Close }
```

Um mit den neuen Methoden arbeiten zu können, brauchen die Hauptprogramme nicht geändert werden. Allerdings müssen die Instanzen nun vom Objekt NewWndT gebildet werden.

```
var W : NewWndT;

begin
ClrScr;

W.Open( 10, 10, 25, 20 );
while not Keypressed do
   begin
   Delay( 50 );
   Write( char( Random( 26 ) + 65 ) );
   end;

W.Close;

end.
```

Durch die Namensgleichheit von geerbten und neudefinierten Methoden können im Hauptprogramm WndT.Open und WndT.Close nicht mehr ohne weiteres angesprochen werden. Sie sind durch die Methoden NewWndT.Open und NewWndT.Close redefiniert worden.

Beachten Sie in der Implementierung der neuen Methoden, daß das Datenelement Buffer weiterhin zur Verfügung steht. Es macht für die Verwendung keinen Unterschied, ob Daten geerbt oder neu definiert werden.

Obwohl die Implementierung der neuen Methoden ihren Zweck erfüllt, entspricht sie nicht objektorientiertem Denken. Betrachten wir noch einmal die Aufgabenstellung: Die Methoden sollen erweitert werden, um zusätzliche Funktionalität zu erhalten. Objektorientiertes Denken verlangt, daß einmal entwickelte Strukturen weitestgehend weiterverwendet werden.

Beschränkt man sich bei der Redefinition von Open und Close auf das tatsächlich Neue und verwendet für die gleichbleibende Funktionalität die geerbten Methoden, erhält man folgende, aus Sicht der objektorientierten Programmierung bessere Implementierung von Open und Close:

```
procedure NewWndT.Open( XMin, YMin, XMax, YMax : integer );

var ScreenBase                 : word; {-- Segmentaddr. Bildschirmspeicher }

begin

if Status = Active then
   begin
   Writeln( 'Fenster schon offen' );
   Exit;
   end;
```

```
WXMin:= XMin; WYMin:= YMin;
WXMax:= XMax; WYMax:= YMax;
Status:= Active;

WndT.Open( XMin, YMin, XMax, YMax );

end; {-- Open }

procedure NewWndT.Close;

var ScreenBase              : word; {-- Segmentaddr. Bildschirmspeicher }

begin

if Status = Inactive then
   begin
   Writeln( 'Fenster schon geschlossen' );
   Exit;
   end;

WXMin:= 1; WXMax:= 80;
WYMin:= 1; WYMax:= 25;
Status:= Inactive;

WndT.CLose;

end; {-- Close }
```

In dieser Implementierung wird Buffer von den neuen Methoden nicht mehr
benötigt. Die Funktionalität des Sicherns und Wiederherstellens des Bildschirmspeichers bleibt lokal zum Objekt WndT.

Der wesentliche Vorteil liegt darin, daß eine evtl. später wünschenswerte
Änderung in der Technik des Speichervorganges auf WndT beschränkt bleibt.
Wenn der Entwickler von WndT weiß, daß die NachfolgerNachfolgeobjekte die
WndT-Methoden aufrufen und nicht deren Code duplizieren, kann er die
Implementierung seines Objekts später problemlos abändern - so lange die
Definition von WndT unverändert bleibt. Alle Nachfolgeobjekte partizipieren
dann von dieser Änderung automatisch.

5.5   Das Initialisierungsproblem

Die Führung der Variable Status in diesem Beispiel bringt eine grundsätzli-
che Schwierigkeit mit sich, die allerdings nicht auf objektorientierte Programme beschränkt ist. Nach der Instanzierung des Objekts hat Status einen
undefinierten Wert. Erst durch den Aufruf einer Methode wird ein Wert zugewiesen. Dies kann z.B. zur Folge haben, daß Status nach der Instanzierung
zufällig den Wert Active hat. Obwohl das Fenster nicht geöffnet ist, kann Open
nicht erfolgreich aufgerufen werden - wohl aber Close!.

In der objektorientierten Programmierung hat man sich deshalb angewöhnt, für jedes Objekt, für das diese Initialisierungsproblematik auftritt (also für nahezu jedes nicht-triviale Objekt), eine Initialisierungsroutine zu definieren und diese nach der Erzeugung der Instanz sofort aufzurufen. Traditionell heißen diese Methoden Init oder Make.

Analog dazu wird häufig eine gesonderte Beendigungsroutine benötigt, die bestimmte Abschlußarbeiten ausführen muß. Diese Methode wird oft Kill genannt. Insbesondere wenn dynamische Speicherverwaltung verwendet wird, sind diese Routinen meist erforderlich.

In unserem Fall reicht es aus, wenn die Initialisierungsprozedur die Statusvariable auf Inactive setzt. Die Implementierung ist trivial:

```
procedure NewWndT.Init;        '
begin
Status:= Inactive;
end; {-- Init }
```

In einem Programm wird dann vor einer Verwendung einer Instanz von NewWndT die Init-Methode aufgerufen.

5.6   Objekthierarchien

Von einem Objekt können verschiedene Nachfolger abgeleitet werden, von diesen wiederum andere Nachfolger etc. Auf diese Weise können ganze Objekthierarchien gebildet werden, jede Stufe ist dabei eine Verfeinerung der Vorhergehenden. Eins der wesentlichen Ziele objektorientierter Entwicklung ist die geeignete Definition solcher Hierarchien für eine Programmier-Gesamtaufgabe.

5.7   Beispiel einer Objekthierarchie

Wir wollen das Fenstersystem und die bisher erarbeiteten Änderungen dazu in einer dreistufigen Hierarchie abbilden. Das Ursprungsobjekt soll das im vorigen Kapitel entwickelte WndT-Objekt sein. Davon wird das Objekt Wnd2T abgeleitet, das zusätzlich eine Methode zur Änderung der Fenstergröße zur Verfügung stellt. Davon wiederum leitet sich das Objekt NewWndT ab, das unter anderem eine gewisse Sicherheit vor falschem Aufruf der Methoden sowie eine Initialisierungsprozedur bietet.

```
type WndT                   = object

    Buffer                  : array[ 1..25*80*2 ] of char;

    procedure Open( XMin, YMin, XMax, YMax : integer );
    procedure Close;

    end; {-- WndT }


type Wnd2T                  = object( WndT )

  procedure ReSize( XMin, YMin, XMax, YMax : integer );

  end; {-- Wnd2T }



type NewWndT                = object( Wnd2T )

    WXMin, WYMin, WXMax, WYMax : integer;
    Status                     : ( Inactive, Active );

    procedure Init;

    procedure Open  ( XMin, YMin, XMax, YMax : integer );
    procedure ReSize( XMin, YMin, XMax, YMax : integer );
    procedure Close;

    end; {-- NewWndT }
```

Das Bild 5-1 zeigt, in welcher Beziehung die drei Objekte zueinander stehen.

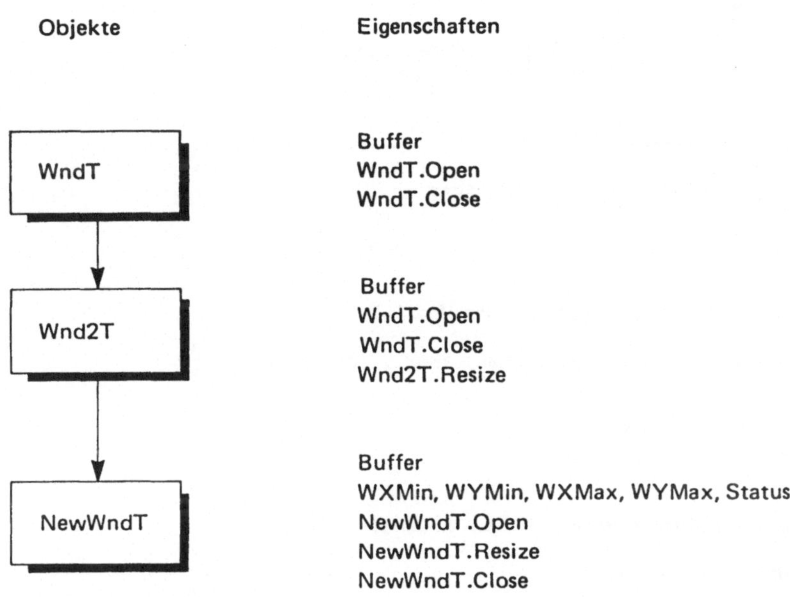

Bild 5-1 Objekthierarchie

NewWndT ist in dieser Hierarchie direkter Nachfolger von Wnd2T und Nachfolger
von WndT. Beachten Sie in der folgenden Implementierung der Objekte, daß
NewWndT.Open und NewWndT.Close die entsprechenden Methoden von Wnd2T aufrufen, obwohl Wnd2T keine Methoden Open oder Close definiert. Der Aufruf ist
nicht nur korrekt (da Wnd2T die Methoden geerbt hat), sondern auch guter
Programmierstil.

```
{---------- Implementierung Methoden fuer WndT }

procedure WndT.Open( XMin, YMin, XMax, YMax : integer );

var ScreenBase              : word; {-- Segmentaddr. Bildschirmspeicher }

begin

ScreenBase:= GetScreenBase;
Move( ptr( ScreenBase, 0 )^, Buffer, 25*80*2 );
Window( XMin-1, YMin-1, XMax+1, YMax+1 );

end; {-- Open }
```

```
procedure WndT.Close;

var ScreenBase                : word; {-- Segmentaddr. Bildschirmspeicher }

begin

ScreenBase:= GetScreenBase;
Window( 1, 1, 80, 25 );
Move( Buffer, ptr( ScreenBase, 0 )^, 25*80*2 );

end; {-- Close }


{---------- Implementierung Methoden fuer Wnd2T }

procedure Wnd2T.Resize( XMin, YMin, XMax, YMax : integer );

begin
Window( XMin, YMin, XMax, YMax);
end; {-- ReSize }


{---------- Implementierung Methoden fuer NewWndT }

procedure NewWndT.Init;
begin
Status:= Inactive;
end; {-- Init }


procedure NewWndT.Open( XMin, YMin, XMax, YMax : integer );

var ScreenBase                : word; {-- Segmentaddr. Bildschirmspeicher }

begin

if Status = Active then
   begin
   Writeln( 'Fenster schon offen' );
   Exit;
   end;

WXMin:= XMin; WYMin:= YMin;
WXMax:= XMax; WYMax:= YMax;
Status:= Active;
Wnd2T.Open( XMin, YMin, XMax, YMax );

end; {-- Open }
```

```
procedure NewWndT.ReSize( XMin, YMin, XMax, YMax : integer );

begin

if Status = Inactive then
   begin
   Writeln( 'Fenster nicht offen' );
   Exit;
   end;

WXMin:= XMin; WYMin:= YMin;
WXMax:= XMax; WYMax:= YMax;

Wnd2T.ReSize( XMin, YMin, XMax, YMax );

end; {-- ReSize }

procedure NewWndT.Close;

var ScreenBase            : word; {-- Segmentaddr. Bildschirmspeicher }

begin

if Status = Inactive then
   begin
   Writeln( 'Fenster schon geschlossen' );
   Exit;
   end;

WXMin:= 1; WXMax:= 80;
WYMin:= 1; WYMax:= 25;
Status:= Inactive;

Wnd2T.Close;

end; {-- Close }
```

In einer professionellen Implementierung des Fenstersystems würde man
wahrscheinlich die Gesamtfunktionalität von NewWndT in nur einem Objekt
konzentrieren, da wohl niemand WndT oder Wnd2T verwenden würde, wenn
NewWndT ebenfalls zur Verfügung steht. Die drei Objekte sollen ausschließlich
der Veranschaulichung des Vererbungsmechanismus dienen.

5.8 Objekte und Units

Objekte mit ihren Implementierungen können genauso wie normale Daten
und Prozeduren in Units organisiert werden. Im Interface-Teil deklarierte
Daten und Objekte können von anderen Units bzw. Programmen verwendet
werden; die im Implementierungsteil angeordneten Daten und Objekte sind
nach außen nicht sichtbar.

Die einfachste Form der Organisation ist die Plazierung der Objektdefinition
im Interfaceteil und der Objektimplementierung im Implementierungsteil der
Unit. Das Objekt kann so von anderen Units und Programmen verwendet
werden, die Implementierung des Objekts bleibt aber verborgen.

Diese Organisationsform unterstützt somit das Ziel der objektorientierten
Programmierung, die Benutzerschnittstelle von der Implementierung zu tren-
nen. Beachten Sie bitte, daß dieses Ziel nicht durch objektorientierte
Sprachmittel, sondern durch das bekannte Unit-Konzept erreicht wird.

Ist ein Objekt im Interface-Teil einer Unit definiert, kann es natürlich auch
zur Ableitung weiterer Objekte verwendet werden. Es steht außerdem im Implementierungsteil der Unit zur Verfügung, um z.B. lokale, das heißt auf die
Unit beschränkte Ableitungen bilden zu können.

Zur Demonstration verwenden wir wieder unsere Objekthierarchie. Die bei-
den Objekte WndT und Wnd2T werden in der Unit Window1 untergebracht, das
Objekt NewWndT in der Unit Window2. Die Hilfsprozeduren GetScreenBase und
Keypressed2 sind in einer dritten Unit mit dem Namen General plaziert.

Das Unit-Konzept von Turbo-Pascal ist ein ideales Mittel, um dem Ziel der
einfachen Wiederverwendbarkeit einmal erstellter Objekte näherzukommen.
Dazu gehört neben einer guten Dokumentation auch eine geeignete Organisation des Quelltextes.

Eine in der Praxis bewährte Möglichkeit dazu besteht in der Aufteilung des
Textes in einzelne Include-Dateien. Dabei wird nur der Interface-Teil der
Unit in der eigentlichen Unit-Datei angeordnet, der Implementierungsteil
wird auf die einzelnen Include-Dateien verteilt. Die Namen der Include-Dateien sind nicht von den Prozedurnamen abgeleitet, da in einer Datei mehrere
Prozeduren untergebracht sein können. Es hat sich bewährt, die Include-Dateien einfach durchzunumerieren. Dadurch wird die Übersichtlichkeit in einem größeren Programmsystem wesentlich erhöht.

Im folgenden sind die eigentlichen Unit-Dateien aufgelistet.

Datei General

```
unit General;

interface
uses Crt, Dos;

{-- Bildschirmorientierte Routinen -------------------- G110 ----}

const ScreenBytesC        = 25*80*2;
type ScreenT              = array[ 1..ScreenBytesC ] of char;

function GetScreenBase : word;
```

```pascal
{-- Tastaturorientierte Routinen     ------------------- G120 ----}

function Keypressed2 : boolean;

implementation

{$I G110 } {-- Bildschirmorientierte Routinen }
{$I G120 } {-- Tastaturorientierte Routinen   }

end.
```

Datei Window1

```pascal
unit Window1;

interface
uses Crt, General;

{-- Basisfenster ----------------------------------------- W110 ----}

type WndT                   = object

        Buffer                  : ScreenT; {-- Gesamter Bildschirm }

        procedure Open( XMin, YMin,              {-- links oben }
                    XMax, YMax : integer ); {-- rechts unten }
        procedure Close;

        end; {-- WndT }

{------------------------------------------------------- W120 ----}

type Wnd2T                  = object( WndT )

    procedure ReSize( XMin, YMin,              {-- links oben }
                    XMax, YMax : integer );  {-- rechts unten }

    end; {-- Wnd2T }


implementation

{$I W110} {-- WndT, Wnd2T }
{$I W120} {-- NewWndT }

end.
```

Datei Window2

```
unit Window2;

interface
uses Window1;

{------------------------------------------------------------ W210 ----}

type NewWndT                   = object( Wnd2T )

        WXMin, WYMin, WXMax, WYMax : integer;
        Status                    : ( Inactive, Active );

        procedure Init;

        procedure Open  ( XMin, YMin, XMax, YMax : integer );
        procedure ReSize( XMin, YMin, XMax, YMax : integer );
        procedure Close;

        end; {-- NewWndT }

implementation

{$I W210} {-- NewWndT }

end.
```

Die Include-Dateien enthalten die Implementierung der im Interface-Teil deklarierten Prozeduren und Objekte. Bei der Aufteilung sollten inhaltlich zusammengehörige oder ähnliche Routinen auch in einer Datei angeordnet werden. Aus diesem Grunde sind z.B. die Methoden `WndT.Open` und `WndT.Close` in einer Datei, nicht aber die Prozeduren `GetScreenBase` und `KeyPressed2`.

Auf den Abdruck der Implementierungsteile wird aus Platzgründen verzichtet. Gegenüber den früheren Listings hat sich auch nicht viel geändert, lediglich die Konstante für die Anzahl Bytes des Bildschirmspeichers sowie der Typ `ScreenT` sind hinzugekommen.

5.9 Zuweisung von Objekten

Abgeleitete Objekte haben die besondere Eigenschaft, daß sie zu ihren Vorgängern zuweisungskompatibel sind. Einer Variablen eines Objekttyps können also auch Instanzen der Nachfolger dieses Objekts zugewiesen werden.

Betrachten wir wieder unsere Objekthierarchie mit den Definitionen

```
var W1   : WndT;
    W2   : Wnd2T;
    W3   : NewWndT;
```

Da `Wnd2T` ein Nachfolger von `WndT` ist, kann jederzeit die Zuweisung

```
W1:= W2;
```

vorgenommen werden. Bei dieser Zuweisung wird der Datenbereich von `W1`
durch den Datenbereich von `W2` ersetzt, d.h. aus technischer Sicht wird die
Anweisung

```
W1.Buffer:= W2.Buffer;
```

ausgeführt. Die Instanz `W1` erhält außer dem Datenbereich keine weiteren Eigenschaften von `W2`. Es ist z.B. nicht möglich, nach der Zuweisung etwa

```
W1.Resize(...);
```

zu schreiben. Dieses Konstrukt würde bereits bei der Übersetzung abgelehnt,
da `W1` eine Instanz von `WndT` ist und `WndT` keine `Resize`-Methode definiert. Diese
wird auch zur Laufzeit durch eine entsprechende Zuweisung nicht verfügbar.

Die umgekehrte Zuweisung, also hier

```
W2:= W1;
```

ist nicht möglich. Warum das so ist, wird im nächsten Beispiel deutlich. Betrachten wir die Zuweisung

```
W2:= W3;
```

Hier sind die Datenbereiche der beiden Instanzen unterschiedlich groß, trotzdem ist die Anweisung syntaktisch korrekt. Auch hier wird der Datenbereich
von `W2` durch den Datenbereich von `W3` ersetzt, wie oben wird also die analoge
Anweisung

```
W2.Buffer:= W3.Buffer;
```

ausgeführt. Die in `W3` zusätzlich vorhandenen Daten werden aber nicht kopiert
und gehen verloren. Bei der umgekehrten Zuweisung könnte zwar `Buffer` besetzt werden, aber die Variablen `WXMin` bis `WYMax` sowie `Status` blieben unbe-
setzt. Der Datenbereich der Instanz `W3` würde damit in zwei Teile geteilt, von
denen einer die Daten von `W2`, der andere aber immer noch den Zustand vor
der Zuweisung repräsentiert.

Dies ist offensichtlich nicht sinnvoll und kann zu gefährlichen Situationen
führen. Aus diesem Grunde weist der Compiler die Zuweisung einer Instanz
an eine Variable eines Nachfolgertyps zurück. Beachten Sie bitte, daß diese

Zuweisungsregel auch für die Parameterübergabe bei Prozeduren sowie für die dynamische Verwaltung von Objekten gilt.

Hat man z.B. die Deklarationen

```
var W1P  : ^WndT;
    W2P  : ^Wnd2T;
    W3P  : ^NewWndT;
```

so sind die Zuweisungen

```
W1   := W2;
W1^  := W2^
```

zulässig, die umgekehrten Zuweisungen jedoch nicht.

Diese *erweiterte Zuweisungskompatibilität* ist eines der wesentlichen neuen Konzepte der objektorientierten Programmierung. Es war bisher nicht möglich, Daten verschiedenen Typs an ein- und dieselbe Variable zuzuweisen. Die Zuweisung numerischer Größen (z.B. integer auf byte) ist insofern eine Ausnahme, als dort eine implizite Typumwandlung durchgeführt wird. Aber diese Typumwandlung hat ihre Tücken, z.B. wenn die integer-Variable einen Wert größer als 255 hat oder negativ ist.

Die daraus entstehenden Probleme sind vergleichbar mit der eingangs dargestellten Problematik am Beispiel der Dateninterpretation von Income und Temp. Sie haben gemeinsam, daß sie erst zur Laufzeit des Programms auftreten und auch nur bei bestimmten Datenkonstellationen zu Fehlern führen.

In der objektorientierten Programmierung werden diese Probleme auf den Compiler verlagert, d.h. sie können bereits bei der Übersetzung erkannt werden. Die Zuweisung von Objekten ist deshalb nur in der Richtung möglich, in der sich nach der Zuweisung wieder ein sicherer Zustand der Daten ergibt.

Das Konzept ist so neu, daß es auf den ersten Blick schwerfällt, ein geeignetes Beispiel zu finden. Nach kurzer Gewöhnungszeit kann man aber damit Probleme so elegant lösen, wie es im klassischen Pascal nicht vorstellbar wäre. Betrachten wir z.B. ein Urfensterobjekt ähnlich unserem WndT. Davon seien mehrere Nachfolger abgeleitet, z.B. Fenster mit Rahmen, speziellen Funktionen wie integriertem Editor oder anderen Eigenschaften.

Sind mehrere solcher Fenster offen, verwaltet man diese im allgemeinen mit einem Kellerspeicher. Deklariert man die Datenelemente des Kellerspeichers als Zeiger auf WndT, kann man diesem Zeiger auch Instanzen aller anderen Fensterobjekte zuweisen und damit im Kellerspeicher ablegen.

Diese Eigenschaft von Objekthierarchien kann ganz allgemein dazu verwendet werden, verschiedene Datentypen z.B. in einer linearen Liste zu verwalten. Der Vorteil liegt darin, daß man bei Entwurf und Implementierung der

Prozeduren zum Aufbau und Pflege der Liste noch nicht wissen muß, welche Daten später damit verwaltet werden sollen. Die Routinen zur Verwaltung der Liste müssen nur einmal erstellt (und getestet) werden. Darüber hinaus ist der Maschinencode nur einmal im Programm vorhanden, auch wenn mehrere Listen aufgebaut werden müssen.

5.10 Explizite Typumwandlung

Explizite Typumwandlungen kommen meistens im Zusammenhang mit der dynamischen Verwaltung von Objekten vor. Typumwandlungen sind aber auch mit statischen Instanzen möglich.

Hat man z.B. das Programmstück

```
uses Window1, Window2;

var W1   : WndT;

begin
W1.Open( 3, 3, 10, 10 );
```

ausgeführt, ist der Aufruf von Resize nicht möglich, da Resize in WndT nicht definiert ist. Der Programmierer kann nun W1 explizit zum Typ Wnd2T "befördern" und dann eine in Wnd2T definierte Methode aufrufen.

Die Anweisung

```
Wnd2T( W1 ).Resize( 10, 10, 15, 15 );
```

ist erlaubt und führt in diesem Fall auch zu einem sinnvollen Ergebnis, denn Resize verwendet nur die bereits in WndT definierten Daten.

Das muß nicht unbedingt so sein. Allgemein läßt Turbo-Pascal eine Typumwandlung zu, wenn die Datenbereiche beider Objekte die gleiche Größe haben. Die obige Typumwandlung ist aus diesem Grunde erlaubt, nicht aber die Umwandlung

```
NewWndT( W1 ).Resize( 10, 10, 15, 15 );
```

Diese Anweisung würde selbst dann zu einer Invalid type cast Meldung führen, wenn Resize nur geerbt wäre und deshalb die eigentlich erlaubte Routine Wnd2T.Resize verwendet würde.

Der Compiler prüft vor einer Typumwandlung nur, ob die Datenbereiche die gleiche Größe haben. Betrachtet man die Datenelemente des Objekts wieder als record, erkennt man die Analogie zum klassischen Pascal: auch dort sind explizite Typumwandlungen nur möglich, wenn Quell- und Zieltyp die gleiche Größe haben.

Für die Typumwandlung von Objekten ergibt sich daraus eine weitere Konsequenz: Da abgeleitete Objekte alle Datenelemente ihrer Vorgänger erben, kann ihre Größe nur zunehmen, höchstens aber gleichbleiben. Eine Beförderung, also die explizite Typumwandlung in Richtung nachfolgender Objekte ist nur dann möglich, wenn der Nachfolger keine zusätzlichen Daten definiert.

Da die meisten abgeleiteten Objekte mehr Eigenschaften und deshalb meist auch mehr Daten definieren, ist die Beförderung durch explizite Typumwandlung nicht möglich. Diese Tatsache stellt eine wesentliche Einschränkung dar. Möchte man z.B. den bereits erwähnten Kellerspeicher zum Speichern verschiedener Datentypen entwickeln, wird man die Prozeduren zum Speichern und Zurückholen vielleicht Push und Pop nennen. Das Problem tritt dann auf, wenn man den Typ der Parameter für diese Prozeduren festlegen muß.

Nehmen wir weiter an, daß die Datenelemente, die gespeichert werden sollen, als Objekte formuliert sind und einer Klasse (das heißt einer Objekthierarchie) angehören. Der Urvater, das heißt der Vorgänger aller Objekte, soll UrElmT heißen. Alle Objekte dieser Klasse sind damit direkte oder indirekte Nachfolger von UrElmT.
Es ist sofort klar, daß eine Variable, die

zuweisungskompatibel zu allen Objekten dieser Klasse sein soll, vom Typ UrElmT sein muß. Es liegt also nahe, die Prozeduren des Kellerspeichers wie folgt zu deklarieren:

```
procedure Push(     E : UrElmT );
procedure Pop( var E : UrElmT );
```

Beachten Sie bitte, daß Pop nicht als function formuliert werden kann, da UrElmT nicht notwendigerweise ein einfacher Datentyp sein muß. Nun kann man Push mit einer Instanz eines beliebigen Nachfolgers von UrElmT aufrufen. Das ist syntaktisch korrekt, liefert aber nicht das gewünschte Ergebnis.

Hat man ein solches Objekt etwa als

```
type ElmT                 = object( UrElmT )
     X,Y,Z                : real;
     end; {-- ElmT }
```

und eine Instanz mit

```
var Elm : ElmT;
```

definiert, ist die Anweisung

```
Push( Elm );
```

syntaktisch richtig. Bei der Ausführung des Prozeduraufrufes wird die interne Zuweisung

```
E:= Elm;
```

ausgeführt. Das bedeutet nach den Zuweisungsregeln, daß x, y und z nicht kopiert werden können und demzufolge auch nicht gespeichert werden.

Umgekehrt liefert Pop ein Objekt vom Typ UrElmT zurück. Es ist nicht möglich, ein solches Objekt wieder zum ursprünglichen Typ ElmT zu befördern, da die Werte für x ,y und z nicht vorhanden sind.

Die Konstruktion

```
Pop( Elm );
```

ist unzulässig, da bei Aufruf der Prozedur die implizite Zuweisung

```
Elm:= E;
```

durchgeführt würde. Diese ist nach den Zuweisungsregeln nicht erlaubt. Das läßt sich auch durch eine explizite Typumwandlung nicht umgehen:

```
var UrElm : UrElmT;
...
...
Pop( UrElm );
Elm:= ElmT( UrElm );
```

Hier übersetzt der Compiler zwar den Prozeduraufruf noch, bricht dann aber bei der nächsten Anweisung mit Invalid type cast ab.

5.11 Explizite Typumwandlung mit Zeigern

Die Lösung des Beförderungsproblems liegt in der Verwendung von Zeigern. Wir definieren die beiden Objekte zusammen mit den zugehörigen Zeigertypen wie folgt:

```
type UrElmT              = object
     end;

     UrElmPT             = ^UrElmT;
```

```
type ElmT                       = object( UrElmT )
     X,Y,Z                      : real;
     end; {-- ElmT }

     ElmPT                      = ^ElmT;
```

Hier fällt auf, daß UrElmT weder Daten noch Methoden definiert. Wozu kann
man eine Instanz dieses Objekts verwenden? UrElmT wird in diesem Beispiel
nicht zur Erzeugung von Instanzen verwendet, sondern dient ausschließlich
als Urvater zur Ableitung der eigentlichen Objekte. Solche Objekte nennt
man auch *polymorphische* Objekte.

ElmT enthält nur Daten und keine Methoden. Das Objekt hätte deshalb auch
als record deklariert werden können. In diesem Beispiel wird ausschließlich
von der Zuweisungskompatibilität in der Objekthierarchie Gebrauch gemacht. Auf die Eigenschaft eines Objekts zur Klammerung von Daten und
Algorithmen kommt es hier nicht an.

Die beiden Prozeduren des Kellerspeichers erwarten bzw. liefern nun Zeiger
vom Typ UrElmPT.

```
procedure Push( EP : UrElmPT );
function Pop : UrElmPT;
```

Da ein Zeiger ein einfacher Datentyp ist, kann Pop nun als function deklariert
werden. In folgendem Programmsegment wird eine Instanz von ElmT erzeugt
und im Kellerspeicher abgelegt.

```
var EP1 : ElmPT;

begin

New( EP1 );
Push( EP1 );
```

Die implizite Zuweisung EP:= EP1 bei Aufruf von Push(EP1) ist zulässig und
führt nicht zu Datenverlusten, da ja nicht der Datenbereich des Objekts selber, sondern nur ein Zeiger auf diesen Bereich kopiert wird. Beachten Sie
bitte, daß bei der Übersetzung trotzdem an Hand der Typen von EP und EP1
geprüft wird, ob die Zuweisung syntaktisch korrekt ist.

Innerhalb von Push zeigt EP nun auf eine vollständige Instanz von ElmT,
obwohl EP selber nur vom Typ UrElmPT ist. Dies bedeutet, daß innerhalb von
Push nicht auf die Daten X ,Y und Z von Elm zugegriffen werden kann. Ein
Ausdruck wie EP^.x ist unzulässig, da X, Y und Z in UrElmT nicht definiert sind.

Dies ist kein Nebeneffekt, sondern gewollt: Push soll ja die Daten von EP1
nicht verändern, sondern die Instanz als Ganzes ablegen. Dazu wird aber
keine Kenntnis über den internen Audbau des Objekts benötigt. Bei der Programmentwicklung gibt dies zusätzliche Sicherheit vor irrtümlicher Manipu-

lation von Daten. Dieser Sicherheitsgewinn ist bei großen Programmiervorhaben mindestens genauso wichtig wie die Möglichkeit, Daten beliebiger Typen bearbeiten zu können.

Hat man im Kellerspeicher nur Instanzen von ElmT abgelegt, kann man zum Wiedergewinnen z.B. folgendes Programmsegment verwenden:

```
var EP1    : ElmPT;
var UrElmP : UrElmPT;

begin

UrElmP:= pop;
EP1:= ElmPT( UrElmP );
Writeln( EP1^.X );
```

Nach dem Aufruf von Pop zeigt UrElmP auf eine Instanz von ElmT. Um wieder auf die Datenfelder X, Y und Z zugreifen zu können, muß diese Instanz zunächst wieder zum Typ ElmT befördert werden. Diese Beförderung muß grundsätzlich durch eine explizite Typumwandlung vom Programmierer vorgenommen werden. Die Wandlung ist zulässig, da Quell- und Zieldatentyp beides Zeiger und deshalb gleich groß sind. Hier kommt es also nicht auf die eigentliche Objektgröße an.

Diese Typumwandlung über Zeiger ist die einzige Möglichkeit, Instanzen in der Objekthierarchie wieder zu befördern. Entsprechend oft wird in der objektorientierten Programmierung davon Gebrauch gemacht. Es darf jedoch nicht übersehen werden, daß prinzipiell jeder Zeigertyp in jeden anderen Zeigertyp umgewandelt werden kann. Man hätte im obigen Beispiel syntaktisch richtig genauso gut schreiben können

```
W1:= WndPT( UrElmP );        oder
W2:= NewWndPT( UrElmP );
```

die entsprechenden Deklarationen von WndPT und NewWndPT vorausgesetzt. Die Folge: Da der Datenbereich von NewWndT größer als der von ElmT ist, bewirkt z.B. die Anweisung W2^.Resize ein Überschreiben von Speicherbereichen, die nicht zum Objekt gehören.

Der Programmierer setzt hier vorsätzlich die von Turbo-Pascal angewendeten Typprüfungen außer Kraft. Leider kann bei Problemen der dargestellten Art nicht auf die explizite Typumwandlung verzichtet werden. In bestimmten Fällen kann dieser Mangel im Konzept der objektorientierten Programmierung etwas gemildert werden, wie wir im Kapitel über virtuelle Methoden sehen werden.

Ein weiteres Problem tritt auf, wenn Instanzen verschiedener Objekte im Kellerspeicher verwaltet werden sollen. Wenn diese Objekte zur gleichen Klasse (d.h. zur gleichen Objekthierarchie) gehören, können sie problemlos mit Push abgelegt werden. Nach einem Aufruf von Pop weiß man dann aber im allgemeinen nicht, welches Objekt die erhaltene Instanz repräsentiert. Viele Programmierer helfen sich mit einer Statusvariablen im Objekt UrElmT, die von allen Nachfolgern in eindeutiger Weise gesetzt und später in einer case-Anweisung ausgewertet werden kann.

Der im nächsten Abschnit vorgestellte vollständige Kellerspeicher verwendet diesen Ansatz.

5.12 Fallstudie Kellerspeicher

Wir wollen in diesem Abschnitt das letzte Beispiel aufgreifen und einen einfachen Kellerspeicher entwickeln. Bis jetzt war es nicht notwendig, die Routinen Push und Pop tatsächlich anzugeben. Für das Verständnis der Problematik expliziter Typumwandlungen waren sie nicht erforderlich.

Die Entwicklung soll aus zwei verschiedenen Blickwinkeln betrachtet werden: Einmal aus der Sicht des Entwicklers, der seine Routinen vielleicht als Unit zur Verfügung stellen möchte, und zum anderen aus der Sicht des Nutzers, der diese Routinen zur Speicherung seiner Daten verwenden möchte.

Die Implementierung des Speichers als array wurde der Einfachheit halber gewählt. Es soll hier in erster Linie gezeigt werden, wie ein Algorithmus zur Datenbearbeitung formuliert werden kann, ohne auf den eigentlichen Datentyp Bezug nehmen zu müssen. Später können die Routinen immer noch professioneller gestaltet werden, z.B. als lineare Liste.

Der Entwickler der Unit steht vor dem grundsätzlichen Problem, daß er nicht weiß, welche Daten ein späterer Nutzer im Kellerspeicher ablegen will. Er muß deshalb ein Urelement deklarieren, von dem später die eigentlichen Datenelemente abgeleitet werden können. Dieses Urelement muß als Objekt deklariert und von der Unit exportiert werden. Die Routinen des Kellerspeichers arbeiten mit diesem Datentyp.

Der Entwickler ist sich über die Problematik der Beförderungen in Objekthierarchien zwar bewußt, stattet sein Urobjekt aber trotzdem nicht mit einer Statusvariablen aus. Möchte der Anwender dieser Unit nur einen Datentyp speichern, wäre diese Variable überflüssig.

Die aus diesen Vorgaben entwickelte Lösung sieht folgendermaßen aus:

```
unit StackU;
{
    StackT definiert einen Stack mit 10 Elementen.
    Push legt ein Element ab, liefert true wenn noch Platz
        fuer ein weiteres Element ist.
    Pop  liefert eine Element, nil wenn Stack leer ist.
}
```

```
interface

{-- Urtyp eines Stackelements -------------------------------------------------}

type StackElmT              = object
     end;

     StackElmPT             = ^StackElmT;


{-- Der Stack selber -------------------------------------- S110  ---------}

const MaxEntriesC           = 10;

type StackT                 = object

        Buffer              : array[ 1..MaxEntriesC ] of StackElmPT;
        Index               : integer;

        procedure Make;
        procedure Kill;

        function Push( EP : StackElmPT ) : boolean;
        function Pop : StackElmPT;
        end; {-- StackT }

implementation

{$I S110 } {-- Make, Kill }
{$I S120 } {-- Push, Pop }

end.
```

Diese Datei veröffentlicht der Entwickler an alle Nutzer der Unit. Der Implementationsteil sieht folgendermaßen aus:

Datei S110

```
{--- Implementierung StackT  Make, Kill ----}

procedure StackT.Make;
begin
Index:= 1;
end; {-- Make }

procedure StackT.Kill;
begin
end; {-- Kill }
```

Datei S120

```
{--- Implementierung StackT  Push, Pop --}

function StackT.Push( EP : StackElmPT ) : boolean;
begin

if Index = MaxEntriesC then {-- Speicher voll. EP nicht eintragen }
   begin
   Push:= false;
   Exit;
   end;

Buffer[ Index ] := EP;
Inc( Index );
Push:= true;

end; {-- Push }


function StackT.Pop : StackElmPT;
begin

if Index = 1 then {-- Speicher leer. nil zurueckliefern }
   begin
   Pop:= nil;
   Exit;
   end;

Dec( Index );
Pop:= Buffer[ Index ];

end; {-- Pop }
```

Der Nutzer dieser Unit möchte zwei verschiedene Datentypen speichern: einfache `real`-Zahlen und Zeichenketten. Er leitet in seinem Programm zunächst das Objekt `MyStackElmT` ab, das eine Statusvariable zur späteren Unterscheidung dieser beiden Objekte definiert:

```
type MyStackElmT          = object( StackElmT );

     Status               : ( RealO, StringO );
     end;
```

Von diesem Objekt wiederum werden die eigentlichen Nutzerdaten abgeleitet.

```
type RealT                = object( MyStackT )

     R                    : real;
     end;

     RealPT               = ^RealT;
```

```
type StringT              = object( MyStackT )

       S                  : string;
     end;

     StringPT             = ^StringT;
```

Ein Programm zur Nutzung des Kellerspeichers könnte unter Verwendung dieser Routinen etwa so aussehen (Datei TestS):

```
Program TestStack;

uses StackU;

type MyStackElmT          = object( StackElmT )

       Status             : ( Real0, String0 );
     end;

     MyStackElmPT         = ^MyStackElmT;

type RealT                = object( MyStackElmT )

       R                  : real;
     end;

     RealPT               = ^RealT;


type StringT              = object( MyStackElmT )

       S                  : string;
     end;

     StringPT             = ^StringT;


var RP                    : RealPT;
    SP                    : StringPT;
    P                     : StackElmPT;

    Stack                 : StackT;

    DummyBool             : boolean;
begin
Stack.Make;

New( RP );
with RP^ do
   begin
   Status:= Real0;
   R:= 10;
   end;
DummyBool:= Stack.Push( RP );
```

```
New( SP );
with SP^ do
   begin
   Status:= String0;
   S:= 'ABCDEF';
   end;
DummyBool:= Stack.Push( SP );

{-- Hier werden die Daten wieder gelesen }

P:= Stack.Pop;
while P <> nil do
   begin
   case MyStackElmPT( P )^.Status of
   Real0    : begin
                RP:= RealPT( P );
                Writeln( RP^.R );
                Dispose( RP );
                end;

   String0 : begin
                SP:= StringPT( P );
                Writeln( SP^.S );
                Dispose( SP );
                end;
   end; {-- case }
   P:= Stack.Pop;
   end; {-- while }

Stack.Kill;
end.
```

In diesem Programm muß der Nutzer der Unit stackU über die Implementierung der Routinen nichts wissen. Selbstdefinierte Datentypen können gespeichert werden, solange der Nutzer sicherstellt, daß die zurückgelieferten Zeiger wieder richtig befördert werden.

Dies ist nicht nur erforderlich, um auf die Daten selber wieder zugreifen zu können, sondern auch, um den mit New angeforderten Speicherplatz wieder richtig zurückgeben zu können. Es reicht z.B. nicht aus, nach dem Aufruf von Pop einfach Dispose(P) zu schreiben, da der Basistyp von P nicht die richtige Größe hat und deshalb die falsche Anzahl Bytes zurückgegeben würde.

Man sieht an diesem Beispiel, daß es nützlich ist, zu jedem Objekt gleich den zugehörigen Zeigertyp mitzudefinieren, da diese Typen in expliziten Typumwandlungen gebraucht werden. Durch eine geeignete Namengebung dieser Typen wird die Lesbarkeit der Typumwandlung erheblich erhöht.

Was wurde in diesem Beispiel gegenüber einer konventionellen Implementierung gewonnen? Betrachten wir dazu kurz eine mögliche Implementierung mit konventionellen Sprachmitteln. In konventionellem Pascal löst man das Problem der allgemeinen Datentypen normalerweise mit generischen Zeigern. Push und Pop erhalten bzw. liefern Zeiger vom allgemeinen Typ pointer, die auf die Nutzerdatenblöcke zeigen. Dadurch kann auch hier die Unit datenunabhängig gehalten werden. Es bleibt weiter die Aufgabe des Hauptprogramms, die Datenblöcke zu erzeugen und mit Werten zu versorgen. Dabei kann auf die Statusvariable auch hier nicht verzichtet werden, da Pop später nur einen allgemeinen Zeiger zurückliefert, der vom Nutzerprogramm wieder richtig interpretiert werden muß. Auch das Problem der richtigen Rückgabe der Speicherblöcke bleibt bestehen. Der Quellcode des Haupprogramms in konventioneller Notation unterscheidet sich deshalb nicht wesentlich von der objektorientierten Version.

Was wurde also gewonnen? In diesem einfachen Beispiel noch nicht viel. Ein Grund liegt darin, daß die objektorientierte Lösung die Objekte RealT und StringT nur als traditionelle records benutzt, denn es werden keine Methoden definiert. Die Behandlung von Datenelementen in Objekten unterscheidet sich aber nicht wesentlich von der in traditionellen records.

In diesem Beispiel wurde nur die erweiterte Zuweisungskompatibilität in Objekthierarchien ausgenutzt, und hier zeigt sich doch ein Unterschied zur konventionellen Implementierung. Wenn das Argument von Push ein generischer Zeiger ist, können beliebige Adressen übergeben werden. In der objektorientierten Version können aber nur Zeiger übergeben werden, deren Basistyp ein Element der Objekthierarchie ist. In größeren Programmen wird dadurch die Menge an syntaktisch möglichen Zuweisungen erheblich kleiner. Auf diese Weise wird zusätzlich Sicherheit gewonnen.

Betrachten wir zum Abschluß des Vergleichs die objektorientierte und die konventionelle Implementierung des eigentlichen Kellerspeichers.

In der konventionellen Implementierung muß der Entwickler der Unit einen Datentyp deklarieren, der Buffer und Index enthält, etwa wie in der folgenden Deklaration:

```
type StackT                 = record

       Index                : integer;
       Buffer               : array[ 1..MaxEntriesC ] of pointer;
       end;
```

Die Routinen des Kellerspeichers erhalten einen zusätzlichen Parameter dieses Typs, also z.B.

```
procedure Init( var S : StackT );
procedure Kill( var S : StackT );
function Push( var S : StackT; P : pointer ) : boolean;
function Pop( var S : StackT ) : boolean;
```

Hier zeigt sich der in früheren Kapiteln bereits dargestellte notationelle Unterschied zwischen den beiden Versionen. In der objektorientierten Version kann der Programmierer auf den zusätzlichen Parameter s verzichten, da der Compiler ihn in Form des `self`-Parameters automatisch hinzufügt. Betrachtet man die objektorientierte Implementierung des Kellerspeichers als isolierte Routinen, ist auch hier kein wesentlicher Unterschied zur konventionellen Implementierung zu erkennen.

Der große Vorteil der objektorientierten Implementierung tritt jedoch dann zutage, wenn der Kellerspeicher erweitert werden soll. Nehmen wir dazu an, daß in einer speziellen Anwendung die Anzahl der gerade auf dem Stack befindlichen Elemente von Interesse ist. Der Entwickler der Unit hat diesen Fall aber nicht vorausgesehen und deshalb keine solche Möglichkeit definiert. Mit Hilfe des Ableitungsmechanismus ist es nun problemlos möglich, den Kellerspeicher entsprechend zu erweitern.

```
uses StackU;

type SpecialStackT          = object( StackT )

     NbrOfEntries           : integer;

     procedure Make;

     function Push( EP : StackElmPT ) : boolean;
     function Pop : StackElmPT;
     function GetNbrOfEntries : integer;
     end; {-- SpecialStackT }


{--- Implementierung der redefinierten Methoden --}

procedure SpecialStackT.Make;
begin

StackT.Make;
NbrOfEntries:= 0;

end; {-- Make }
```

```
function SpecialStackT.Push( EP : StackElmPT ) : boolean;

var Flag                   : boolean;

begin

Flag:= StackT.Push( EP );
Push:= Flag;
if Flag then
   Inc( NbrOfEntries );

end; {-- Push }

function SpecialStackT.Pop : StackElmPT;

var P                      : StackElmPT;

begin

P:= StackT.Pop;
Pop:= P;
if P <> nil then
   Dec( NbrOfEntries );

end; {-- Pop }

{--- Implementierung der neuen Methode    --}

function SpecialStackT.GetNbrOfEntries : integer;
begin
GetNbrOfEntries:= NbrOfEntries;
end; {-- GetNbrOfEntries }
```

Beachten Sie, wie in der Implementierung der Methoden dieses Objekts von der Funktionalität des bereits definierten Kellerspeichers Gebrauch gemacht wird. Nur die zusätzliche Funktionalität muß implementiert werden.

Wie oft schon wurde der Kellerspeicher von Programmierern neu erfunden und jedesmal speziell für eine Aufgabe neu implementiert, einmal mit GetNbrOfEntries, ein anderes Mal vielleicht mit einer Möglichkeit zum Zugriff auf das "unterste" Element? Bei einer Aufgabe wie dem Kellerspeicher ist dieser Aufwand noch tragbar. Aber bereits bei etwas komplizierteren Strukturen wie z.B. einer Hash-Tabelle sieht die Sache anders aus.

Auch hier wird das ein- oder andere Programm zusätzliche Funktionalität benötigen. Wenn dann der Hash-Speicher als Objekt formuliert ist, kann sich der Programmierer seine eigene Version mit den erforderlichen Erweiterungen selber definieren, indem er ein geeignetes Objekt ableitet. Damit soll nicht gesagt sein, daß eine solche Erweiterung mit konventionellen Sprachmitteln nicht möglich ist. Selbstverständlich, aber eben nicht so elegant und klar, und damit eben nicht so wartungsfreundlich.

Trotzdem ist die vorgestellte Lösung noch nicht befriedigend. Vor allem der
Zwang zur Konvertierung des zurückgelieferten Zeigers zum eigentlichen
Nuztzdatentyp ist unschön. Im Kapitel 7 mit dem Thema *virtuelle Methoden*
werden wir Möglichkeiten kennenlernen, diesen Nachteil zumindest teilweise
zu vermeiden.

5.13 Etwas Technik

Wie löst der Compiler Referenzen auf die verschiedenen Methoden in einer
Objekthierarchie auf?

Im folgenden Hauptprogramm wird die Objekthierarchie aus Abschnitt 5.7
vorausgesetzt.

```
var W1    : WndT;
    W2    : Wnd2T;
    W3    : NewWndT;

begin

W1.Open( 10, 10, 25, 20 );

W2.Open( 12, 12, 27, 22 );
W2.Resize( 12, 12, 30, 23 );
W2.Close;

W3.Init;
W3.Open( 12, 12, 17, 15 );
W3.Close;

end.
```

Wenn der Compiler in diesem Programm auf die Anweisung W2.Open(...)
stößt, wird zuerst geprüft, ob das aktuelle Objekt eine Methode dieses Namens definiert. Das aktuelle Objekt ist hier Wnd2T, da W2 eine Instanz dieses
Objektes ist. Da keine passende Methode gefunden wird, wird der nächste
Vorgänger in derselben Weise überprüft. Der Compiler läuft so in der Objekthierarchie nach oben, bis entweder die Methode gefunden wird oder das
oberste Objekt erreicht ist, für das kein Vorgänger mehr definiert ist. Im
letzteren Falle wird die Übersetzung mit der Fehlermeldung Field Identifier
expected abgebrochen.

Die Anweisung W2.Open ruft also die Methode WndT.Open auf. Da der Compiler
immer die zuerst gefundene Methode einsetzt, bleiben weiter oben in der
Hierarchie definierte Methoden gleichen Namens bei der Suche unberück-
sichtigt. Sie wurden redefiniert. Dieser Fall tritt z.B. bei der Übersetzung
der Anweisung W3.Open(..) auf. Die aktuelle Methode (hier NewWndT) definiert

bereits eine passende Methode, so daß die Suche gar nicht erst begonnen wird.

Bei der Suche nach einer Methode wird beim aktuellen Objekt begonnen. Im Falle von W1.Open oder W2.Open kann das aktuelle Objekt über die Instanz bestimmt werden: W1 ist eine Instanz von WndT, W2 eine von Wnd2T. Ein Objekt kann jedoch auch über seinen vollständigen Namen referenziert werden. In der Implementierung von NewWndT.Open z.B. wird Wnd2T.Open aufgerufen. Damit ist der Startpunkt der Suche ebenfalls eindeutig definiert.

Durch vollständige Referenzierung steht eine redefinierte Methode natürlich auch im Hauptprogramm weiter zur Verfügung. Bei korrektem Entwurf der Objekthierarchie ist dies allerdings überflüssig, denn sonst hätte die Methode nicht redefiniert werden dürfen.

Eine sinnvolle Ausnahme zeigt das folgende Beispiel. Hier wird mit Hilfe des Adressoperators festgestellt, ob die Methode Open redefiniert wurde.

```
if @WndT.Open = @Wnd2T.Open then
   Writeln( 'Open wurde nicht redefiniert' )
else
   Writeln( 'Open wurde redefiniert' );
```

Bei der Auswertung des Ausdrucks @Wnd2T.Open stellt der Compiler fest, daß Wnd2T keine Open-Methode definiert. Die Suche wird also von Wnd2T aus nach oben begonnen. Für Wnd2T.Open wird also im Endeffekt WndT.Open eingesetzt, der Vergleich liefert TRUE.

Der intelligente Linker des Turbo-Pascal-Systems behandelt auch redefinierte Methoden korrekt. Wenn durch die Redefinition die ursprüngliche Methode nicht mehr referenziert wird, wird sie aus dem Objektcode entfernt. Beachten Sie jedoch, daß auch die Anwendung des Adressoperators bereits eine Referenzierung ist.

Nach dem gleichen Prinzip werden Referenzen auf Datenelemente abgewickelt. Auch hier beginnt die Suche beim aktuellen Objekt und endet spätestens in der obersten Hierarchiestufe. Da Datenelemente aber eindeutig sein müssen, kann es höchstens ein Datenelement mit dem geforderten Namen in der Suchkette geben. Die Redefinition von Daten ist nicht zulässig.

6 Ein verbessertes Fenstersystem

6.1 Aufgabenstellung

Die bis jetzt entwickelten Routinen zur Bildschirmverwaltung verdienen genaugenommen noch nicht den Namen Fenstersystem. Es handelt sich eigentlich nur um eine Erweiterung der Turbo-Pascal Window-Routine, die die Wiederherstellung des Bildschirminhaltes erlaubt. Zu einem richtigen Fenstersystem gehört aber mehr.

In diesem Kapitel wird ein verbessertes Fenstersystem entwickelt, das neben Umrahmungen, Fensternamen und "Scrollbars" auch die Möglichkeit zur komfortablen Verwaltung mehrerer übereinander geöffneter Fenster bietet. Eine besondere Art von Fenstern sind die "Exploding Windows", bei denen durch eine geschickte Programmierung der Routinen zum Öffnen und Schließen der Eindruck eines sich dynamisch vergrößernden und verkleinernden Fensters entsteht.

6.2 Implementierung

Eine Möglichkeit zur Implementierung besteht in der Definition eines Datensatzes, der alle erforderlichen Datenelemente enthält. Für die verschiedenen Funktionen des Fenstersystems werden dann einzelne Prozeduren entwickelt.

Dieses Vorgehen findet man z.B. in den verschiedenen als Toolboxen angebotenen Systemen. Es hat jedoch einen Nachteil: Es muß immer der gesamte Datensatz alloziert werden, auch wenn nur ein ganz einfaches Fenster erforderlich ist. Möchte man z.B. mit konventionellen Mitteln Fenster mit und ohne Scrollbars erzeugen können, gibt man der Open-Routine einen entsprechenden bool'schen Parameter mit. Aber auch wenn dieser Parameter auf FALSE steht, werden Code und Daten für die Scrollbars trotzdem ins Programm mitaufgenommen.

Der einzige Weg, um die überflüssige Aufnahme von Code und Daten zu vermeiden, ist die Definition mehrerer paralleler Fenstersysteme. Die verschiedenen unabhängigen Daten und Prozeduren werden dann in verschiedenen Units oder in der gleichen Unit unter verschiedenen Namen angeordnet.

Unter Verwendung der Vererbungstechnik kann eine wesentlich bessere Lösung gefunden werden. Ausgehend von einem Urfensterobjekt wird eine Objekthierarchie definiert, deren einzelne Elemente die verschiedenen Funktionalitätsstufen repräsentieren.

Das Bild 6-1 zeigt die Hierarchie der geplanten Fensterobjekte.

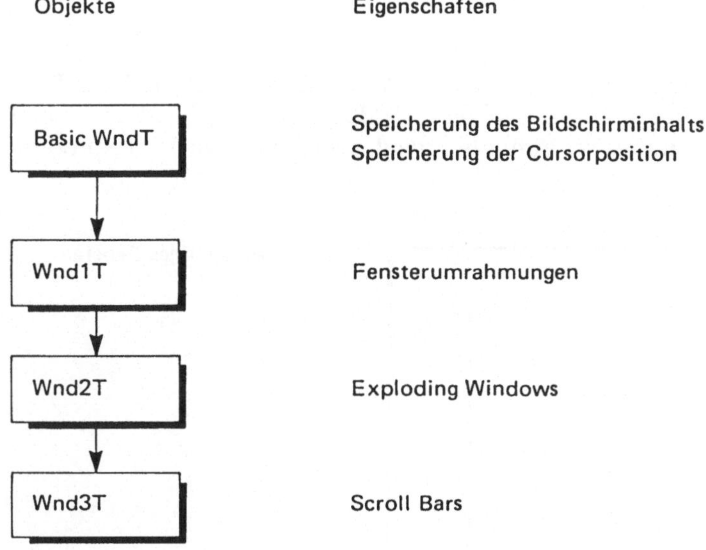

Bild 6-1 : Hierarchie der Fensterobjekte

Die geforderten Eigenschaften werden wie folgt den verschiedenen Objekten der Hierarchie zugeordnet:

BasicWndT

BasicWndT sichert den Bildschirmbereich unter dem neuen Fenster. Die Speichertechnik ist so verbessert, daß nicht mehr der ganze Bildschirm, sondern nur noch der tatsächlich überschriebene Teil gesichert wird. Speichert vor

dem Öffnen die aktuelle Cursorposition, damit der Cursor nach dem Schließen wieder an diese Stelle positioniert werden kann.

Wnd1T

Wnd1T stellt zusätzlich zwei verschiedene Prozeduren bereit, um den Fenster-
bereich zu umrahmen. Die beiden verschiedenen Rahmen können z.B. zur
Unterscheidung zwischen dem aktuellen Ausgabefenster und anderen, darunterliegenden Fenstern verwendet werden. Fenster können außerdem einen
Namen erhalten. Der Name wird zentriert auf dem oberen Rahmen
angezeigt.

Wnd2T

Die Prozeduren zum Öffnen und Schließen sind so umgestaltet, daß das Fenster von einem beliebigen Punkt auf dem Bildschirm ausgehend nach und
nach aufgebaut bzw. zu diesem Punkt hin wieder abgebaut wird ("Exploding
Windows").

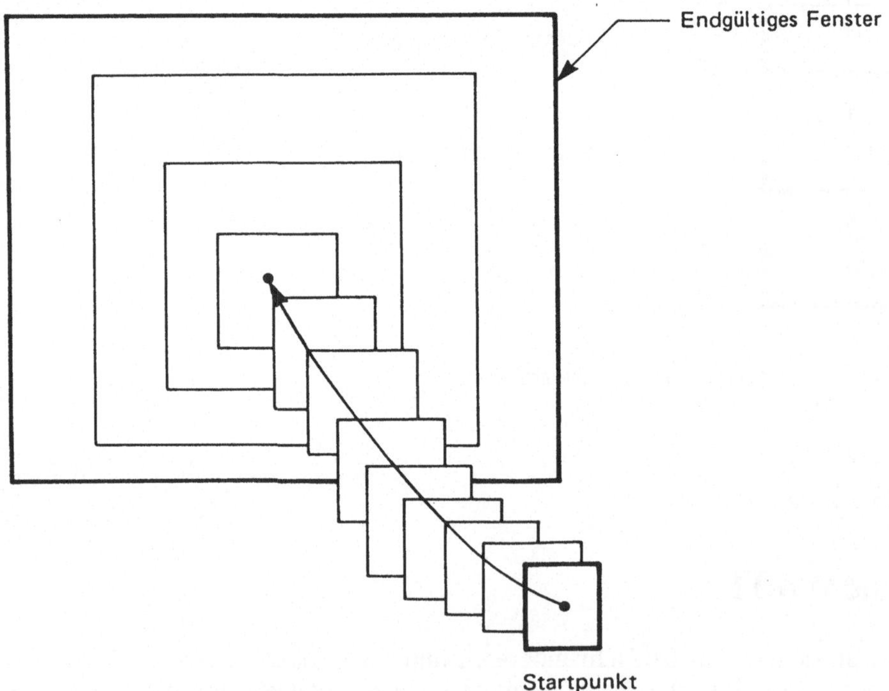

Bild 6-2 : Exploding Windows

Exploding Windows werden meist von der Cursorposition im aktuellen Fenster aus geöffnet. Auf diese Weise kann optisch gut deutlichgemacht werden, daß sich das neue Fenster auf das Datenelement unter dem Zeiger bezieht. Ist z.B. ein Fenster mit dem Inhaltsverzeichnis einer Diskette angezeigt, kann von einem Verzeichnisnamen ausgehend ein Fenster mit dem Inhalt dieses Unterverzeichnisses geöffnet werden.

Wnd3T

Das Objekt Wnd3T stellt Anzeigeflächen ("Scrollbars") am unteren und rechten Rand des Fensters bereit. Da ein Fenster oft nur einen Teil der anzuzeigenden Daten aufnehmen kann, ist es sinnvoll, die Position des Fensters relativ zum Gesamttext anzuzeigen. Diese Funktion wird regelmäßig innerhalb von Texteditoren und Hilfesystemen benötigt. In Zusammenhang mit den Mausfunktionen verwendet man die Scrollbars außerdem zum Verändern dieser Relativposition, also zum "scrollen".

Ausgehend von dieser Objekthierarchie kann man nun eine Instanz von genau dem Objekt erzeugen, das die erforderlichen Eigenschaften aufweist. Möchte man z.B. ein speicherresidentes Programm schreiben, das auf eine bestimmte Tastenkombination hin Datum und Uhrzeit anzeigt, ist ein ganz einfaches Fenster ausreichend. Hier kommt es darauf an, mit möglichst wenig Speicherplatz auszukommen. In einem professionellen Anwendungsprogramm dagegen wird man zugunsten einer komfortablen Benutzeroberfläche mehr Speicherplatz aufwenden können.

Die Objekthierarchie kann nach oben beliebig erweitert werden. Es ist z.B. möglich, in einem abgeleiteten Fensterobjekt Routinen zur Mausbedienung der Fensterfunktionen wie scrollen, schließen, verschieben etc. zu definieren. Darauf aufbauend wiederum können verschiedene "Anwendungsfensterobjekte" definiert werden, also z.B. Texteditor, Menüauswahl oder Hilfefenster. Diese weitergehenden Fensterobjekte sind zusammen mit Ton- und Farberweiterungen Thema eines weiteren Buches, das in der Reihe "Vieweg Software" im selben Verlag erscheinen wird..

6.3 Die Unit Window

Die Objekte werden in einer Unit mit dem Namen Window untergebracht. Objektdeklarationen und global benötigte Deklarationen werden im Interfaceteil und die Implementierung der Objekte und lokalen Deklarationen im Implementierungsteil der Unit angeordnet.

6.3.1 Der Interfaceteil

Die Datei Window enthält den Quelltext der Unit. Da der Implementierungsteil
vollständig in Include-Dateien untergebracht ist, enthält die Datei Window im
wesentlichen den Interfaceteil der Unit.

```pascal
unit Window;

interface

uses Crt, General;

{$I W101.dcl   } {-- Im InterfaceTeil gebrauchte Deklarationen }
{$I W102.dcl   } {-- Fehlervariablen und Konstanten            }

{----------- BaseWndT ------------------------------------------------}

type BaseWndT             = object
        WXMin, WXMax,
        WYMin, WYMax        : integer;

        XCur, YCur          : integer; {-- Cursorposition vor Oeffnen  }
        Status              : WndStatusT;
        SaveP               : LongArrayPT; {-- gesicherter Bildschirmbereich }

        {-- Interne Variable }
        ColCount, LineCount : integer;
        Amount              : integer;

        procedure Make;
        procedure Kill;

        procedure Open( XMin, XMax, YMin, YMax : integer );
        procedure Close;

        end; {-- BaseWndT }

{----------- Wnd1T        ---------------------------------------------}

type Wnd1T               = object( BaseWndT )

        WName               : WNameT;

        procedure Open( XMin, XMax, YMin, YMax : integer; Name : WNameT );
        procedure SetStandard;
        procedure SetAlternate;

        end; {-- Wnd1T }
```

```
{----------- Wnd2T    ------------------------------------------------}

type Wnd2T                  = object( Wnd1T )

     WXStart, WYStart    : integer;

     procedure Open( XMin, XMax, YMin, YMax : integer; Name : WNameT;
                     XStart, YStart : integer );

     procedure Close;

     end; {-- Wnd2T }

{----------- Wnd3T    ------------------------------------------------}

type Wnd3T                  = object( Wnd2T )

     WHorizontalScroll,
     WVerticalScroll      : integer;

     procedure SetHorizontalScroll( Percent : integer );
     procedure SetVerticalScroll( Percent : integer );

     end; {-- Wnd3T }


implementation

{$I W111.dcl   } {-- ScreenT }
{$I W112.dcl   } {-- Konstanten fuer Rahmen }

{$I W100       } {-- Methoden BaseWndT }
{$I W101       } {-- Methoden Wnd1T    }
{$I W102       } {-- Methoden Wnd2T    }
{$I W103       } {-- Methoden Wnd3T    }

begin
ScreenP:= ptr( GetScreenBase, 0 );
end.
```

6.3.2 Deklarationen im Interface- und Implementierungsteil

Nach dem Unit-Konzept müssen alle Datendeklarationen, auf die ein Nutzer der Unit Zugriff haben soll, im Interfaceteil angeordnet werden. Deklarationen, die dagegen nur innerhalb der Unit verwendet werden, sollen im Implementierungsteil untergebracht werden. Leider läßt sich diese Trennung zwischen Interface und Implementierung bei Verwendung von Objekten nicht immer in der gewünschten Konsequenz durchhalten.

So ist es z.B. erforderlich, die Typen WndStatusT und LongArrayPT im Interfaceteil zu deklarieren, da sie in der Objektdefinition von BaseWndT gebraucht werden. Damit werden diese Typen gleichzeitig exportiert, d.h. der Nutzer der Unit kann diese Typen ebenfalls verwenden, obwohl sie eigentlich nur zum internen Gebrauch innerhalb der Unit vorgesehen sind. Alle Deklarationen, die eigentlich intern sind, aber trotzdem im Interfaceteil der Unit aufgeführt werden müssen, sind in der Datei W101.dcl zusammengefaßt.

```
{-- Bezeichnet den Zustand eines Fensters. Sinnvoll fuer
    erweiterte Fehlerpruefungen --}

type WndStatusT

  = ( closed,      {-- kein Speicher zugewiesen             }
      active );    {-- Fenster offen                        }

{-- LongArrayT erlaubt die Interpretation eines Speicherbereiches als
    Folge von Einzelzeichen --}

type LongArrayT              = array[ 1..MaxInt ] of char;
     LongArrayPT            = ^LongArrayT;

{-- WNameT aus Speicherplatzgruenden eingefuehrt --}

type WNameT                 = string[ 10 ];
```

In diesem speziellen Fall könnte man einen Teil des Problems umgehen, indem man die Variable SaveP als allgemeinen Zeiger definiert. LongArrayT könnte dann in den Implementierungsteil der Unit verlegt werden. SaveP könnte dann aber nur mit Hilfe expliziter Typumwandlungen verwendet werden. Ebenso könnte man status z.B. als byte deklarieren und so WndStatusT in den Implementierungsteil verlagern. Im allgemeinen Falle läuft dies darauf hinaus, im Datenbereich eines Objekts nur den nötigen Speicher zu deklarieren und die eigentlichen Datentypen zur Interpretation dieses Speichers erst im Implementierungsteil zu definieren. Obwohl dadurch explizite Typumwandlungen beim Zugriff auf Daten eines Objekts erforderlich werden, ist diese Methode in der Regel vorzuziehen, da die objektinterne Interpretation der Daten versteckt bleiben kann. Hier wäre eine Aufteilungsmöglichkeit des Datenbereiches eines Objekts in einen globalen und einen lokalen Teil wünschenswert.

6.3.3 Der Zugriff auf den Bildschirmspeicher

Die Datei W111.dcl enthält Deklarationen zum direkten Zugriff auf den Bildschirmspeicher.

```
{-- Interpretation eines Hauptspeicherbereiches als Bildschirmspeicher }

const ScrColumnsC           = 80; {-- Spalten pro Zeile }
      ScrLinesC             = 25; {-- Bildschirmzeilen }


type ScrCharT               = record
        Ch                  : char; {-- Das eigentliche Zeichen }
        Attr                : byte; {-- Attribut des Zeichens }
        end; {-- ScrCharT }

type ScrLineT               = array[ 1..ScrColumnsC ] of ScrCharT;

type ScreenPT               = ^ScreenT;
     ScreenT                = array[ 1..ScrLinesC ] of ScrLineT;

{-- ScreenP zeigt auf Hardwarebildschirm. Wird im Initialisierungsteil
    von Window initialisiert --}

var ScreenP                 : ScreenPT;
```

Zunächst wird der Typ ScrCharT definiert, der ein Zeichen im Bildschirmspeicher repräsentiert. Ein solches Zeichen besteht aus dem eigentlichen Zeichen selber sowie dem Attribut (unter anderem Farbe und Intensität) des Zeichens. ScreenT wird mit einer vorgegebenen Spalten- und Zeilenzahl als Array aus diesem Grundelement aufgebaut. Nachdem ScreenP im Initialisierungsteil der Unit mit Hilfe der bekannten Prozedur GetScreenBase auf den Anfang des Bildschirmspeichers gesetzt wurde, kann auf den Bildschirminhalt in der gewohnten Weise mit Zeilen- und Spaltennummer zugegriffen werden. ScreenP^[10, 12].Ch ist z.B. das Zeichen auf dem Bildschirm in Zeile 10, Spalte 12. Die Methode Open verwendet ScreenPT, um Daten vom Bildschirm einzulesen. Für die Ausgabe werden weiterhin die Standardroutinen Write bzw. Writeln verwendet. Steht die Variable DirectVideo der Unit Crt auf TRUE (Standardeinstellung), erfolgt die Bildschirmausgabe von Turbo-Pascal ebenfalls unter Umgehung der BIOS-Routinen direkt in den Bildschirmspeicher. Es würde daher nichts gewonnen, ScreenPT auch zur Ausgabe zu verwenden. Im Gegenteil, denn die Standardprozeduren Write und Writeln bieten hervorragende Formatierungsmöglichkeiten für Strings und numerische Daten sowie den Vorteil einer variablen Anzahl Parameter. Man muß jedoch beachten, daß sich Ausgaben über Write und Writeln, Cursorpositionierungen mit GotoXY etc. auf ein definiertes Fenster beziehen, der Zugriff über ScreenT jedoch immer auf den Gesamtbildschirm. Verwendet man beide Methoden parallel, ist eine Umrechnung erforderlich.

Die Konstanten ScrColumnsC und ScrLinesC definieren die Größe des Bildschirms. Für andere Modi wie z.B. den 43 Zeilenmodus bei EGA oder 50 Zeilenmodus bei VGA Adaptern können diese Konstanten entsprechend angepaßt werden.

Der Typ screenT wird in den Methoden der einzelnen Objekte verwendet. Er wird in keinem Objektdatenbereich gebraucht und kann deshalb im Implementierungsteil der Unit deklariert werden.

6.3.4 Das Abfangen von Fehlern

In allen Routinen werden Prüfungen der übergebenen Parameter auf Zulässigkeit durchgeführt. Liegen Werte nicht im zulässigen Wertebereich, wird die Routine nicht ausgeführt. Die Objektvariable status gibt an, ob das Fenster geöffnet oder nicht geöffnet ist. Mehrfaches Öffnen oder Schließen kann so als Fehler erkannt werden. Bevor Speicher vom Heap angefordert wird, wird grundsätzlich geprüft, ob noch genügend Speicher frei ist. Der Turbo-Pascal Laufzeitfehler 203: Heap Overflow Error kann deshalb nicht auftreten.

Die Unit exportiert die Variablen WndOK und WndError. Die bool'sche Variable WndOK zeigt an, ob die letzte Operation erfolgreich war oder ob ein Fehler aufgetreten ist. Wenn WndOK false ist, gibt WndError den Fehlertyp an. Zur Interpretation des Wertes in WndError sind in der Datei W102.dcl Konstanten definiert, die ebenfalls exportiert werden.

```
var WndOK                       : boolean; {-- true : kein Fehler }
    WndError                    : integer; {-- Fehlernummer falls WndOK = false }

const WndWrongParam             = 1;
      WndTooSmall               = 2;
      WndNoMem                  = 3;
      WndWrongStat              = 4;
      WndWrongStart             = 5;
      WndWrongScroll            = 6;
```

6.4 Verwendung des Kellerspeichers

Durch Erzeugen mehrerer Instanzen können mehrere Fenster auf dem Bildschirm übereinander oder nebeneinander geöffnet werden. Da das Urfensterobjekt als Nachfolger von stackElmT definiert wurde, kann der Kellerspeicher zur Ablage der verschiedenen Instanzen verwendet werden.

Das folgende Beispiel öffnet drei Fenster und schließt sie in der richtigen Reihenfolge wieder:

```pascal
uses crt, Window, StackU;

type Wnd3PT  = ^Wnd3T;

var WP       : Wnd3PT;
    Stack    : StackT;
    I        : integer;

begin

Stack.Make;

{-- Oeffnen von drei Fenstern --}

for I:= 5 to 7 do
   begin
   New( WP );
   WP^.Make;
   WP^.Open( 2*I, 2*I+10, 2*I, 2*I+5, 'Test', 2, 2 );
   if Stack.Push( WP ) then;
   ClrScr;
   Delay( 100 );
   end;

Delay( 1000 );

{-- Schliessen in umgekehrter Reihenfolge --}

WP:= Wnd3PT( Stack.Pop );
while WP <> nil do
   with WP^ do
      begin
      Close;
      Kill;
      Dispose( WP );
      WP:= Wnd3PT( Stack.Pop );
      end;

Stack.Kill;

end.
```

In diesem Beispiel ist nicht für jede Instanz eine Variable erforderlich, da der Kellerspeicher die Aufgabe der Speicherung übernimmt. Auf diese Weise können beliebig viele Fenster erzeugt und verwaltet werden. Die Notwendigkeit der expliziten Beförderung des von Pop zurückgelieferten Zeigers macht die Deklaration des Typs Wnd3PT erforderlich. Die Beförderung kann nicht mit Wnd3T selber durchgeführt werden, die Anweisung

```pascal
WP:= ^Wnd3T( Stack.Pop );
```

ist unzulässig. Es empfiehlt sich also, bei der Entwicklung von Objekten die zugehörigen Zeigertypen gleich mitzudeklarieren.

Die Unit `StackU` zeigt eine alternative Möglichkeit der Fehlerbehandlung. Während in `Window` spezielle Variablen zur Übergabe des Fehlerstatus verwendet werden, erfolgt die Rückgabe des Status in `StackU` als Ergebniswert der Methoden. `StackT.Push` liefert TRUE oder FALSE, je nachdem, ob die Operation erfolgreich war oder nicht. Diese aus der C-Programmierung geläufige Art hat jedoch einige Nachteile. In Pascal kann - im Gegensatz zu C - eine Funktion nicht wie eine Prozedur aufgerufen werden, d.h. eine Funktion muß immer in einem Ausdruck stehen. Möchte man also wie im obigen Beispiel auf eine Fehlerbehandlung verzichten, muß der Rückgabewert von `StackT.Push` trotzdem einer Variablen zugewiesen oder sonstwie behandelt werden.

Ein weiterer Vorteil der Kommunikation über eine Variable liegt in der höheren Flexibilität. `WndOK` kann nämlich im Zuge der Entwicklung der Unit `Window` auch als Funktion formuliert werden, ohne daß Anwendungsprogramme geändert werden müssen. Eine solche Änderung einer Variablen in eine Funktion könnte verwendet werden, um bei der Abfrage des Fehlerstatus zusätzliche Arbeiten auszuführen.

Möchte man unterschiedliche Fenstertypen verwalten, entsteht das zusätzliche Problem, zu welchem Typ der von `StackT.Pop` zurückgelieferte Zeiger befördert werden soll. Hier bleibt (bis zum nächsten Kapitel) nur die in der Fallstudie Kellerspeicher in Abschnitt 5.12 vorgestellte Einführung einer zusätzlichen Statusvariablen in den Datenbereich aller Objekte. Diese Variable wird dann von der Methode `Make` entsprechend gesetzt und kann dann zur "Beförderungsentscheidung" - z.B. in einer `case`-Anweisung - verwendet werden. `Make` kann nun nicht mehr vererbt werden, sondern muß für alle Objekte implementiert werden.

Mit dieser zusätzlichen Statusvariablen sowie den Zeigertypen für die Fensterobjekte erhält die Unit `Window` nun folgende Form:

```
unit Window;

interface

uses Crt, General, StackU;

{$I W101.dcl   } {-- Im InterfaceTeil gebrauchte Deklarationen }
{$I W102.dcl   } {-- Fehlervariablen und Konstanten            }

{----------- PreBaseWndT ------------------------------------------------}

type PreBaseWndT            = object( StackElmT )

        ObjectType          : ( BaseWnd, Wnd1, Wnd2, Wnd3 );
        end; {-- PreBaseWndT }

type PreBaseWndPT           = ^PreBaseWndT;
```

```
{----------- BaseWndT ------------------------------------------------>}

type BaseWndT              = object( PreBaseWndT )
        WXMin, WXMax,
        WYMin, WYMax       : integer;

        XCur, YCur         : integer; {-- Cursorposition vor Oeffnen  }
        Status             : WndStatusT;
        SaveP              : LongArrayPT; {-- gesicherter Bildschirmbereich }

        ColCount, LineCount : integer;
        Amount             : integer;

        procedure Make;
        procedure Kill;

        procedure Open( XMin, XMax, YMin, YMax : integer );
        procedure Close;

        end; {-- BaseWndT }

type BaseWndPT             = ^BaseWndT;

{----------- Wnd1T    ------------------------------------------------>}

type Wnd1T                = object( BaseWndT )

        WName              : WNameT;

        procedure Make;
        procedure Open( XMin, XMax, YMin, YMax : integer; Name : WNameT );
        procedure SetStandard;
        procedure SetAlternate;

        end; {-- Wnd1T }

type Wnd1PT               = ^Wnd1T;

{----------- Wnd2T    ------------------------------------------------>}

type Wnd2T                = object( Wnd1T )

        WXStart, WYStart   : integer;

        procedure Make;
        procedure Open( XMin, XMax, YMin, YMax : integer; Name : WNameT;
                        XStart, YStart : integer );

        procedure Close;

        end; {-- Wnd2T }

type Wnd2PT               = ^Wnd2T;
```

```
{----------- Wnd3T      ----------------------------------------------}

type Wnd3T                 = object( Wnd2T )

      WHorizontalScroll,
      WVerticalScroll      : integer;

      procedure Make;
      procedure SetHorizontalScroll( Percent : integer );
      procedure SetVerticalScroll( Percent : integer );

      end; {-- Wnd3T }

type Wnd3PT                 = ^Wnd3T;

implementation

{$I W111.dcl    } {-- ScreenT }
{$I W112.dcl    } {-- Konstanten fuer Rahmen und Scrollbars }

{$I W100        } {-- Methoden BaseWndT }
{$I W101        } {-- Methoden Wnd1T    }
{$I W102        } {-- Methoden Wnd2T    }
{$I W103        } {-- Methoden Wnd3T    }

begin
ScreenP:= ptr( GetScreenBase, 0 );
end.
```

Die Implementierung von Make wird so geändert, daß die neue Variable ObjectType richtig gesetzt wird:

Datei W100

```
procedure BaseWndT.Make;
begin
Status:= closed;
WndOK:= true;
ObjectType:= BaseWnd;
end; {-- Make }
...
...
```

Datei W101

```
procedure Wnd1T.Make;
begin
BaseWndT.Make;
ObjectType:= Wnd1;
end; {-- Make }
...
```

Datei W102

```
procedure Wnd2T.Make;
begin
Wnd1T.Make;
ObjectType:= Wnd2;
end; {-- Make }
...
```

Datei W103

```
procedure Wnd3T.Make;
begin
Wnd2T.Make;
ObjectType:= Wnd3;
end; {-- Make }
...
```

Ein Beispielprogramm zum richtigen Öffnen und Schließen von drei verschiedenen Fenstern könnte etwa so aussehen:

```
uses Crt, Window, StackU;

var WP      : StackElmPT;
    BaseWP  : BaseWndPT;
    W1P     : Wnd1PT;
    W2P     : Wnd2PT;
    W3P     : Wnd3PT;

    Stack   : StackT;
    I       : integer;

begin
Writeln( MemAvail );

Stack.Make;

{-- Oeffnen von drei verschiedenen Fenstern ---}

New( W2P );
W2P^.Make;
W2P^.Open( 10, 20, 10, 15, 'Wnd2T', 2, 2 );
if Stack.Push( W2P ) then;
ClrScr;
Delay( 100 );

New( W1P );
W1P^.Make;
W1P^.Open( 12, 22, 12, 17, 'Wnd1T' );
if Stack.Push( W1P ) then;
ClrScr;
Delay( 100 );

New( W2P );
W2P^.Make;
W2P^.Open( 14, 24, 14, 19, 'Wnd2T', 2, 2 );
if Stack.Push( W2P ) then;
```

```
ClrScr;
Delay( 100 );

Delay( 1000 );

{-- Schliessen in umgekehrter Reihenfolge --}

WP:= Stack.Pop;
while WP <> nil do
   begin

   case PreBaseWndPT( WP )^.ObjectType of

   BaseWnd    : begin
                  BaseWP:= BaseWndPT( WP );
                  BaseWP^.Close;
                  BaseWP^.Kill;
                  Dispose( BaseWP );
                  end;

   Wnd1       : begin
                  W1P:= Wnd1PT( WP );
                  W1P^.Close;
                  W1P^.Kill;
                  Dispose( W1P );
                  end;

   Wnd2       : begin
                  W2P:= Wnd2PT( WP );
                  W2P^.Close;
                  W2P^.Kill;
                  Dispose( W2P );
                  end;

   Wnd3       : begin
                  W3P:= Wnd3PT( WP );
                  W3P^.Close;
                  W3P^.Kill;
                  Dispose( W3P );
                  end;

   end; {-- case }

   Delay( 100 );
   WP:= Stack.Pop;
   end; {-- while WP <> nil }

Stack.Kill;

Writeln( MemAvail );

end.
```

In dieser so geänderten Implementierung der Fensterobjekte treten die Nachteile der "Markierung" der verschiedenen Objekte durch eine spezielle Variable deutlich zutage. Es ist insbesondere die fehlende Erweiterbarkeit, die diesen Ansatz so ungeeignet macht. So muß man sich bereits bei der Deklaration von `PreBaseWndT` überlegen, welche Objekte in der Hierarchie überhaupt verwendet werden sollen, denn für jedes Objekt muß ein Element im Aufzählungstyp vorgesehen werden. Das kann man noch durch eine unspezifizierte Aufzählungsvariable (z.B. `byte` oder `integer`) umgehen, aber spätestens im Beispielprogramm muß man sich festlegen. Dort muß nämlich für jedes mögliche Fensterobjekt auch eine zugeordnete Auswahl in der `case`-Anweisung vorgesehen werden. Für jeden Aufruf einer Methode ist dann eine solche `case`-Anweisung erforderlich. Im nächsten Kapitel werden wir Techniken kennenlernen, um die korrekte Beförderung einer Variablen durch Turbo-Pascal selber durchführen zu lassen. Explizite Beförderungen und damit zusammenhängende `case`-Anweisungen können dann vermieden werden.

6.4.1 Das Objekt WndStackT

Da in den meisten Anwendungsprogrammen nicht nur ein Fenster gebraucht wird, ist es sinnvoll, die zum Öffnen und Schließen mehrerer Fenster gebrauchten Arbeitsschritte als Prozeduren zu formulieren und ebenfalls in die Unit `Window` mit aufzunehmen.

Das folgende Objekt `WndStackT` erfüllt diese Aufgabe. Es ist als Nachfolger von `StackT` definiert.

```
type WndStackT              = object( StackT )

     ActiveWP               : PreBaseWndPT;

     procedure Make;

     procedure OpenBaseWnd( XMin, XMax, YMin, YMax : integer );

     procedure OpenWnd1( XMin, XMax, YMin, YMax : integer;
                         Name : WNameT );

     procedure OpenWnd2( XMin, XMax, YMin, YMax : integer;
                         Name : WNameT; XStart, YStart : integer );

     procedure OpenWnd3( XMin, XMax, YMin, YMax : integer;
                         Name : WNameT; XStart, YStart : integer );

     procedure CloseWnd;

     end; {-- WndStackT }

type WndStackPT             = ^WndStackT;
```

Die Variable `ActiveWP` ist ein Zeiger auf das aktuelle Fenster. Das Anwendungsprogramm kann über diesen Zeiger auf Daten und Methoden des aktuellen Fensters zugreifen. Die zugehörige Implementierung ist in der Includedatei W110 abgelegt.

```
procedure WndStackT.Make;
begin
StackT.Make;
ActiveWP:= nil;
end; {-- Make }

procedure WndStackT.OpenBaseWnd( XMin, XMax, YMin, YMax : integer );

var BaseWP                    : BaseWndPT;

begin
New( BaseWP );
BaseWP^.Make;
BaseWP^.Open( XMin, XMax, YMin, YMax );
if WndOK then
   begin
   ActiveWP:= BaseWP;
   if not Push( BaseWP ) then
      begin
      WndOK:= false;
      WndError:= WndStackFull;
      end;
   end;

end; {-- OpenBaseWnd }


procedure WndStackT.OpenWnd1( XMin, XMax, YMin, YMax : integer;
                              Name : WNameT );

var W1P                       : Wnd1PT;

begin
New( W1P );
W1P^.Make;
W1P^.Open( XMin, XMax, YMin, YMax, Name );
if WndOK then
   begin
   ActiveWP:= W1P;
   if not Push( W1P ) then
      begin
      WndOK:= false;
      WndError:= WndStackFull;
      end;
   end;

end; {-- OpenWnd1 }
```

```
procedure WndStackT.OpenWnd2( XMin, XMax, YMin, YMax : integer;
                              Name : WNameT; XStart, YStart : integer );

var W2P                       : Wnd2PT;

begin
New( W2P );
W2P^.Make;
W2P^.Open( XMin, XMax, YMin, YMax, Name, XStart, YStart );
if WndOK then
   begin
   ActiveWP:= W2P;
   if not Push( W2P ) then
      begin
      WndOK:= false;
      WndError:= WndStackFull;
      end;
   end;

end; {-- OpenWnd2 }


procedure WndStackT.OpenWnd3( XMin, XMax, YMin, YMax : integer;
                              Name : WNameT; XStart, YStart : integer );

var W3P                       : Wnd3PT;

begin
New( W3P );
W3P^.Make;
W3P^.Open( XMin, XMax, YMin, YMax, Name, XStart, YStart );
if WndOK then
   begin
   ActiveWP:= W3P;
   if not Push( W3P ) then
      begin
      WndOK:= false;
      WndError:= WndStackFull;
      end;
   end;

end; {-- OpenWnd3 }
```

```
procedure WndStackT.CloseWnd;

var WP                       : StackElmPT;
    BaseWP                   : BaseWndPT;
    W1P                      : Wnd1PT;
    W2P                      : Wnd2PT;
    W3P                      : Wnd3PT;

begin

WndOK:= false;

WP:= Pop;
if WP = nil then
   begin
   WndError:= WndStackEmpty;
   Exit;
   end;

case PreBaseWndPT( WP )^.ObjectType of

BaseWnd     : begin
                BaseWP:= BaseWndPT( WP );
                BaseWP^.Close; if not WndOK then Exit;
                BaseWP^.Kill;  if not WndOK then Exit;
                Dispose( BaseWP );
                end;

Wnd1        : begin
                W1P:= Wnd1PT( WP );
                W1P^.Close; if not WndOK then Exit;
                W1P^.Kill;  if not WndOK then Exit;
                Dispose( W1P );
                end;

Wnd2        : begin
                W2P:= Wnd2PT( WP );
                W2P^.Close;  if not WndOK then Exit;
                W2P^.Kill;   if not WndOK then Exit;
                Dispose( W2P );
                end;

Wnd3        : begin
                W3P:= Wnd3PT( WP );
                W3P^.Close;  if not WndOK then Exit;
                W3P^.Kill;   if not WndOK then Exit;
                Dispose( W3P );
                end;

end;{-- case }
```

```
{-- ActiveWP mit dem obersten Fenster besetzten oder nil --}

WP:= Pop;
if WP <> nil then
   if Push( WP ) then;
ActiveWP:= WP;

WndOK:= true;
end; {-- Close }
```

Zur richtigen Funktion müssen noch die Fehlerkonstanten in der Datei W102.dcl um WndStackFull und WndStackEmpty erweitert werden:

```
var WndOK                     : boolean; {-- true : kein Fehler }
    WndError                  : integer; {-- Fehlernummer falls WndOK = false }

const WndWrongParam           = 1;
      WndTooSmall             = 2;
      WndNoMem                = 3;
      WndWrongStat            = 4;
      WndWrongStart           = 5;
      WndWrongScroll          = 6;

      WndStackEmpty           = 7;
      WndStackFull            = 8;
```

Das folgende Anwendungsprogramm öffnet und schließt drei Fenster mit Hilfe des neuen Objekts WndStackT.

```
uses Crt, Window, StackU;

var WndStack                  : WndStackT;

begin

WndStack.Make;

{-- Oeffnen von drei verschiedenen Fenstern ---}

WndStack.OpenWnd2( 10, 20, 10, 15, 'Wnd2T', 2, 2 );
ClrScr;
Delay( 100 );

WndStack.OpenWnd1( 12, 22, 12, 17, 'Wnd1T' );
ClrScr;
Delay( 100 );

WndStack.OpenWnd3( 14, 24, 14, 19, 'Wnd3T', 2, 2 );
ClrScr;
Wnd3PT( WndStack.ActiveWP )^.SetHorizontalScroll( 30 );

Delay( 1000 );
```

```
{-- Schliessen in umgekehrter Reihenfolge --}

repeat
WndStack.CloseWnd;
Delay( 100 );
until WndOK = false;

WndStack.Kill;

end.
```

Da das Anwendungsprogramm "weiß", daß das letzte geöffnete Fenster vom
Typ Wnd3T ist, kann ActiveWP gefahrlos zum Aufruf von SetHorizontalScroll
verwendet werden. Beachten Sie bitte, daß die Beförderung von ActiveWP
syntaktisch z.B. auch dann möglich wäre, wenn die Variable auf eine Instanz
von Wnd1T zeigt. Der Aufruf von SetHorizontalScroll würde dann Daten außerhalb von Wnd1T überschreiben.

6.4.2 Verbesserte Fehlerbehandlung

Im Fehlerfall liefern die Routinen des Fenstersystems in den Variablen WndOK
und WndError entsprechende Werte an das Anwenderprogramm zurück. Das
Anwenderprogramm sollte daher nach Aufruf einer Methode grundsätzlich
die Variable WndOK prüfen und im Fehlerfalle entsprechende Schritte durchführen. Meist ist es sinnvoll, das Programm abzubrechen, z.B. wenn Fensterkoordinaten im Anwendungsprogramm fest definiert und Open mit dem
Fehlercode WndWrongParam abbricht. In anderen Fällen reicht eine Meldung an
den Benutzer aus, z.B. dann, wenn vom Benutzer eingegebene Fensterkoordinaten nicht im zulässigen Bereich liegen.

Die in diesem Abschnitt entwickelte Erweiterung der Fehlerbehandlung implementiert eine Fehlerbehandlungsroutine, die die beiden allgemeinen Fälle
"Meldung" und "Meldung und Abbruch" abhandelt. Für welche Fehlerarten
eine der beiden Möglichkeiten aufgerufen werden soll, kann in den globalen
Variablen MsgCodeSet und HaltCodeSet spezifiziert werden. Diese beiden Variablen werden im Initialisierungsteil der Unit so vorbesetzt, daß alle Fehlersituationen mit einer Fehlermeldung zum Abbruch führen.

Der Aufruf der Fehlerbehandlungsroutine erfolgt in den einzelnen Methoden
an der Stelle, an der früher die Variable WndError gesetzt wurde. An das Anwenderprogramm wird nur dann ein Fehler zurückgeliefert, wenn der Fehler
nicht schon durch die interne Routine abgefangen wurde.

Da Fehler nun teilweise vom System selber, teilweise aber auch vom Benutzer abgehandelt werden können, besteht die Gefahr, daß Fehler gar nicht abgefangen werden. Alle Methoden der Fensterobjekte und des Objekts
WndStackT werden deshalb so erweitert, daß sie nur dann ihre Funktion versehen, wenn WndOK beim Aufruf TRUE ist. Ist dies nicht der Fall, wird der

Fehlercode WndNotOK zurückgegeben. Eine im Anwenderprogramm implementierte Fehlerbehandlungsroutine muß deshalb nach Bearbeitung des Fehlers die Variable WndOK wieder auf TRUE setzen.

Zur Implementierung der erweiterten Fehlerprüfung wird die Routine WndCheck verwendet. Da sowohl die Fensterobjekte als auch WndStackT diese Routine verwenden, kann sie nicht als eine Methode eines dieser Objekte deklariert werden. Analog dazu können die Variablen MsgCodeSet und HaltCodeSet nicht im Datenbereich der Objekte deklariert werden. Dies wäre nur dann möglich, wenn WndStackT und die Fensterobjekte einen gemeinsamen Vorgänger hätten. Stattdessen wird WndCheck als gewöhnliche Funktion zusammen mit der Prozedur Msg in der Datei W120 implementiert.

```
procedure msg( ErrorCode : byte );
begin

case ErrorCode of

WndWrongParam          : Writeln( 'Falsche Parameter'  );
WndTooSmall            : Writeln( 'Fenster zu klein'    );
WndNoMem               : Writeln( 'Kein Speicher mehr' );
WndWrongStat           : Writeln( 'Falscher Status'     );
WndWrongStart          : Writeln( 'Falsche Startwerte' );
WndWrongScroll         : Writeln( 'Falsche Scrollbars' );

WndStackEmpty          : Writeln( 'Keine offenen Fenster mehr' );
WndStackFull           : Writeln( 'Kein Platz mehr auf Stack'  );

end; {-- case }
end; {-- msg }

function WndCheck( ErrorCode : byte ) : boolean;

begin
WndError:= ErrorCode;

if ErrorCode in MsgCodeSet then
   begin
   Msg( ErrorCode );
   WndOK:= true;
   end
else
   WndOK:= false;

if ErrorCode in HaltCodeSet then
   Halt( 1 );

WndCheck:= not WndOK;
end; {-- WndCheck }
```

Die zugehörigen Variablen MsgCodeSet und HaltCodeSet sind in W101.dcl definiert.

```
type ErrorCodeSetT          = set of byte;
```

```
var MsgCodeSet, HaltCodeSet  : ErrorCodeSetT;
```

Die neudefinierte Fehlerkonstante WndNotOK wird in W102.dcl untegebracht.

```
const WndNotOK = 9;
```

Das Fenstersystem in seiner jetzigen Form ist noch einmal vollständig in Anhang aufgelistet.

Dieser Ausflug in die praktische Programmierung mit objektorientierten Techniken läßt einige Probleme und Unschönheiten erkennen. Insbesondere der Zwang zur expliziten Beförderung von Instanzen, das heißt zur expliziten Typumwandlung von Variablen ist besonders störend. Das nächste Kapitel zeigt unter anderem, wie dieses Manko beseitigt werden kann.

7 Virtuelle Methoden

7.1 Ein ganz neues Konzept

Stellen Sie sich vor, Sie haben das im letzten Kapitel entwickelte Fenstersystem in Unit-Form zur Verfügung, um es in einer größeren Programmentwicklung zu verwenden. Da der Quelltext nicht verfügbar ist, kann auch die
Funktionalität der Unit nicht mehr geändert werden. Je mehr solcher Units in
der Programmentwicklung verwendet werden, um so mehr sieht sich der
Programmentwickler Zwängen ausgesetzt, genau die vordefinierten Schnittstellen dieser Unit einzuhalten. Das Problem liegt darin, daß der Entwickler
der Unit nicht weiß, für welche Anwendung seine Unit verwendet werden
wird. Ein oft beschrittener Weg zur Milderung dieses Problems ist, für möglichst viele vorhersehbare Anwendungsfälle Routinen oder besondere Parameter vorzusehen. Damit wird zwar die potentielle Verwendungsbreite erhöht, aber gleichzeitig steigt die Komplexität der Schnittstelle zum Anwenderprogramm unerwünscht stark an.

Ein eleganterer Weg wäre, wenn man einzelne Funktionen der Unit an seine
eigenen Bedürfnisse anpassen, den Rest aber unverändert übernehmen
könnte. Die Technik der Vererbung bietet hier einige Möglichkeiten. Durch
Definition von abgeleiteten Objekten können Methoden wahlweise übernommen oder aber neu definiert werden. Das im letzten Kapitel entwickelte
Fenstersystem zeigt ein Beispiel für diese Einsatzmöglichkeit auf. So ist es
z.B. möglich, auf `Wnd2T` aufbauend eigene Fensterobjekte zu definieren und
diese auch mit dem Kellerspeicher zu verwalten. Ebenso kann von `WndStackT`
ein weiteres Objekt abgeleitet werden, das diese Verwaltungsaufgaben übernimmt.

Es ist jedoch nicht möglich, einmal festgelegte Funktionen zu ändern. So
wäre es z.B. praktisch, wenn `WndStackT.CloseWnd` auch diese neuen, erst im
Anwenderprogramm definierten Fenster richtig schließen könnte. Dazu
müßte die `case`-Anweisung in `CloseWnd` um diesen neuen Typ erweitert werden. Da der Quelltext nicht verfügbar ist, bleibt als einzige Möglichkeit, eine
eigene `CloseWnd`-Routine zu schreiben.

Objektorientierte Programmierung mit virtuellen Methoden ermöglicht die
Überwindung solcher Einschränkungen. In unserem Fall kann die Unit `Window`

so konstruiert werden, daß auch nachfolgende, erst im Anwenderprogramm definierte Fensterobjekte mit `WndStackT` verwaltet werden können, ohne `WndStackT` modifizieren zu müssen.

Das wirklich Neue an virtuellen Methoden zeigt ein weiteres Beispiel. Die Fehlerbehandlungsroutinen in der Unit `Window` ermöglichen die Ausgabe einer Meldung, den Abbruch des Programms oder wahlweise die Rückgabe eines Fehlercodes an das Anwenderprogramm. Ist der Nutzer mit der Leistung der bereitgestellten Fehlerbehandlung nicht zufrieden, muß er die Fehlersituationen manuell im Programm nach seinen Wünschen behandeln. Über Variablen teilt der Nutzer mit, welche Fehlersituationen durch das Fenstersystem selber und welche durch das Anwenderprogramm abgefangen werden sollen.

Objektorientierte Programmierung mit virtuellen Methoden bietet hier eine elegante Alternative. Es ist möglich, im Anwenderprogramm eine Fehlerbehandlungsroutine zu schreiben, und zwar so, daß auch die bereits übersetzten Routinen in `Window` im Fehlerfall *diese neue Prozedur* aufrufen.

Mit diesem Wissen kann der Entwickler von `Window` auf die Unterscheidung zwischen Fehlern, die vom Fenstersystem selber abgefangen und solchen, die an das Anwenderprogramm gemeldet werden sollen, verzichten. Er implementiert nur noch eine Fehlerbehandlungsroutine, die in jeder Fehlersituation aufgerufen wird. Die durchgeführte Fehlerbehandlung kann dann sehr einfach sein, sie kann sich z.B. auf den Ausdruck einer Meldung beschränken. Möchte der Nutzer dieser Unit seine eigene Fehlerbehandlung implementieren, schreibt er einfach seine eigene Routine! Turbo-Pascal stellt sicher, daß die neue, erst im Anwenderprogramm definierte Prozedur auch von den Routinen in der Unit `Window` aufgerufen wird.

Mit virtuellen Methoden kann man also erreichen, daß eine bereits übersetzte Unit Prozeduren aufruft, die dem Compiler zu Übersetzungszeit noch gar nicht bekannt sind.

7.2   Ein Beispiel

Betrachten wir zum Verständnis dieser erstaunlichen Tatsache ein Beispiel. Die beiden Objekte `AT` und `BT` definieren jeweils eine Prozedur `DoIt`. `BT` ist als Nachfolger von `AT` definiert.

```
type AT                     = object

    AVar                    : integer;
    procedure DoIt;

    end; {-- AT }

type APT                    = ^AT;

type BT                     = object( AT )

    BVar                    : integer;
    procedure DoIt;

    end; {-- BT }

type BPT                    = ^BT;

procedure AT.DoIt;
begin
Writeln( 'Hier ist AT.DoIt' );
end; {-- DoIt }

procedure BT.DoIt;
begin
Writeln( 'Hier ist BT.DoIt' );
end; {-- DoIt }

var AP : APT;
    BP : BPT;

begin

New( AP );
New( BP );

AP^.DoIt;
BP^.DoIt;
AP:= BP;
AP^.DoIt;

end.
```

Das Programm liefert als Ergebnis die Zeilen

```
Hier ist AT.DoIt
Hier ist BT.DoIt
Hier ist AT.DoIt
```

Der Compiler hat bei der Übersetzung der Anweisung AP^.DoIt einen Aufruf der Methode AT.DoIt codiert, da AP ein Zeiger auf eine Instanz von AT ist. Analoges gilt für die Anweisung BP^.DoIt.

Wenn DoIt als virtuelle Methode deklariert wird, ergibt sich ein unterschiedliches Bild.

```
type AT                    = object

    AVar                   : integer;
    constructor Make;
    procedure DoIt; virtual;

    end; {-- AT }

type APT                   = ^AT;

type BT                    = object( AT )

    BVar                   : integer;
    procedure DoIt; virtual;

    end; {-- BT }

type BPT                   = ^BT;

constructor AT.Make;
begin
end; {-- Make }

procedure AT.DoIt;
begin
writeln( 'Hier ist AT.DoIt' );
end; {-- DoIt }

procedure BT.DoIt;
begin
writeln( 'Hier ist BT.DoIt' );
end; {-- DoIt }

var AP : APT;
    BP : BPT;

begin

new( AP ); AP^.Make;
new( BP ); BP^.Make;

AP^.DoIt;
BP^.DoIt;
AP:= BP;
AP^.DoIt;

end.
```

Die Programmausführung liefert das Ergebnis

```
Hier ist AT.DoIt
Hier ist BT.DoIt
Hier ist BT.DoIt
```

Offenbar wurde bei der ersten AP^.DoIt-Anweisung AT.DoIt, bei der zweiten aber BT.DoIt aufgerufen. Der Grund liegt in der vorausgegangenen Zuweisung. Sind nämlich AP und BP Zeiger auf Instanzen in einer Objekthierarchie mit virtuellen Methoden, wird bei einer Zuweisung der Typ der Instanz mit zugewiesen. AP ist zwar als Zeiger auf AT deklariert, kann aber auch Instanzen der Nachfolgeobjekte aufnehmen.

Die Regeln für Zuweisungen innerhalb von Objekthierarchien gelten auch hier, d.h. eine Zuweisung AP:= BP ist möglich, die umgekehrte Zuweisung dagegen nicht.

Eine Voraussetzung zur Verwendung virtueller Methoden ist die Deklaration eines sog. "Konstruktors". Das Schlüsselwort constructor ersetzt dabei das Schlüsselwort procedure, ansonsten ist die Syntax identisch zur Deklaration einer gewöhnlichen Methode. Ein Konstruktor wird aber anders übersetzt. Weiterhin muß eine Instanz eines Objekts mit virtuellen Methoden immer durch Aufruf des Konstruktors initialisiert werden, ansonsten ist ein Laufzeitfehler (bzw. der Systemabsturz) vorprogrammiert.

Der Konstruktor Make enthält in diesem Beispiel keine sichtbaren Anweisungen. Es werden jedoch bestimmte interne Initialisierungen durchgeführt, die zur korrekten Verwendung der Instanz erforderlich sind. Der Compiler hat den Code für diese Initialisierungen in Make aufgenommen, da Make mit dem Schlüsselwort constructor definiert wurde. Beachten Sie bitte, daß der Konstruktor an BT vererbt wurde.

Konstruktoren können wie normale Methoden ausführbare Anweisungen enthalten. Üblicherweise initialisiert man im Konstruktor den Datenbereich des Objekts.

```
type AT                       = object
        AVar                  : integer;

        constructor Make;
        procedure DoIt; virtual;
        end; {-- AT }
    APT                       = ^AT;


type BT                       = object( AT )
        BVar                  : integer;
        constructor Make;
        procedure DoIt; virtual;
        end; {-- BT }
    BPT                       = ^BT;

constructor AT.Make;
begin
AVar:= 0;
end; {-- Make }

constructor BT.Make;
begin
AT.Make;
BVar:= 0;
end; {-- Make }
```

Beachten Sie, daß der Konstruktor von BT den Datenbereich von AT nicht selber initialisiert, sondern dafür den Konstruktor von AT verwendet.

Man sieht, daß Konstruktoren auch wie normale Methoden aufrufbar sind. Die volle Mächtigkeit virtueller Methoden zeigt sich, wenn das Objekt AT in eine Unit verlegt wird.

```
unit Vtest;

interface

type AT                   = object

    AVar                  : integer;
    constructor Make;
    procedure DoIt; virtual;

    end; {-- AT }

type APT                  = ^AT;

var AP                    : APT;

procedure DoSomething;

implementation


constructor AT.Make;
begin
end; {-- Make }

procedure AT.DoIt;
begin
writeln( 'Hier ist AT.DoIt' );
end; {-- DoIt }


procedure DoSomething;

begin
AP^.DoIt;
end; {-- DoSomething }

begin
new( AP ); AP^.Make;

end.
```

Wird die Prozedur DoSomething aufgerufen, wird "Hier ist AT.DoIt" ausgegeben.

```
uses VTest;

begin
DoSomething;
end.
```

Nun fügen wir im Hauptprogramm das abgeleitete Objekt ʙᴛ hinzu und weisen ᴀᴘ einen Zeiger auf eine initialisierte Instanz dieses neuen Objekts zu.

```
uses VTest;


type BT                        = object( AT )

        BVar                   : integer;
        procedure DoIt; virtual;

        end; {-- BT }

type BPT                       = ^BT;

procedure BT.DoIt;
begin
writeln( 'Hier ist BT.DoIt' );
end; {-- DoIt }

var BP : BPT;

begin

DoSomething;

new( BP ); BP^.Make;
AP:= BP;

DoSomething;
end.
```

Bei der Ausführung dieses Programms wird "ʜɪᴇʀ ɪsᴛ ʙᴛ.Dᴏɪᴛ" ausgegeben! Ohne daß ᴠᴛᴇsᴛ neu übersetzt werden müßte, hat Dᴏsᴏᴍᴇᴛʜɪɴɢ eine erst im Anwenderprogramm definierte Routine aufgerufen.

Wendet man dieses Beispiel auf die ursprüngliche Problemstellung der Fehlerroutine in ᴡɪɴᴅᴏᴡ an, erkennt man sofort den Zusammenhang. In der Unit ᴡɪɴᴅᴏᴡ könnte z.B. ᴀᴛ.Dᴏɪᴛ die vorgegebene Fehlerroutine sein und Dᴏsᴏᴍᴇᴛʜɪɴɢ steht stellvertretend für die verschiedenen Routinen des Fenstersystems, die die Fehlerprozedur aufrufen. Das neue Objekt ʙᴛ implementiert die neue Fehlerroutine ʙᴛ.Dᴏɪᴛ.

7.3   Late Binding

Bei näherer Betrachtung stellt sich die Frage, welche Adresse der Compiler
bei Übersetzung von vTest beim Antreffen einer Anweisung wie AP^.DoIt für
DoIt einsetzt. Zum Zeitpunkt der Übersetzung von vTest ist nicht bekannt,
welche DoIt-Prozedur im Endeffekt aufgerufen werden soll. Nachfolgende
Units oder Anwendungsprogramme können beliebig viele eigene DoIt-Pro-
zeduren implementieren. Erst zur Laufzeit des Programms kann aus dem
Wert (bzw. genaugenommen aus dem mommentanen *Typ*) von AP entnommen
werden, welche DoIt-Prozedur gemeint ist.

Die Zuordnung von Prozeduraufruf und tatsächlich aufgerufener Prozedur
wird hier erst zur Laufzeit des Programms hergestellt. Diesen Vorgang nennt
man *late binding*. Im Gegensatz dazu bedeutet *early binding*, daß die Verbindung bereits zur Übersetzungszeit hergestellt wird. Technisch bedeutet early
binding, daß beim Übersetzen einer Prozeduranweisung sofort ein Sprung
auf die Adresse der gleichnamigen Prozedur codiert wird. Eine Folge davon
ist, daß Prozeduren bei early binding immer erst definiert werden müssen,
bevor sie verwendet werden können. Early binding ist das aus konventionellen Programmiersprachen bekannte Verfahren. Auch bei Objekten ohne virtuelle Methoden wird early binding verwendet.

Late Binding bedeutet aber nicht, daß die Prozedur zur Übersetzungszeit
überhaupt noch nicht definiert sein muß. Selbst dann, wenn grundsätzlich
eine erst später zu definierende Prozedur aufgerufen werden soll, muß trotzdem aus formalen Gründen eine lokale Prozedur diesen Namens implementiert werden.

7.4   Formale Voraussetzungen

Um virtuelle Methoden richtig einsetzen zu können, sind einige Voraussetzungen bei der Programmierung zu beachten.

7.4.1 Einmal virtuell - immer virtuell

Virtuelle Methoden können nur innerhalb von Objekthierarchien verwendet
werden. In letzten Beispiel mußte BT deshalb als Nachfolger von AT definiert
werden.

Ist eine Methode einmal als virtual deklariert, muß sie auch in allen Nachfolgern virtuell sein. Wird die Methode vererbt, ist dies automatisch der Fall,
wird sie redefiniert, muß sie explizit mit dem Schlüsselwort virtual versehen
werden. Wird eine virtuelle Methode redefiniert, muß die Deklaration exakt

der Deklaration im Vorgänger entsprechen. Nur die Implementierung kann unterschiedlich sein.

Eine Objekthierarchie mit virtuellen Methoden könnte etwa so aussehen:

```
type BaseT                  = object

    procedure DoIt( XPos, YPos : integer );

    end; {-- DoIt }


type Obj1T                  = object( BaseT )

    constructor Make;
    procedure DoIt( XPos, YPos : integer; Start : integer ); virtual;

    end; {-- Obj1T }

type Obj2T                  = object( Obj1T )

    procedure DoIt( XPos, YPos : integer; Start : integer ); virtual;

    end; {-- Obj2T }

type Obj3T                  = object( Obj2T )

    procedure DoSomethingElse;

    end; {-- Obj3T }
```

`BaseT` ist ein gewöhnliches Objekt mit einer Methode. In `Obj1T` wird diese Methode redefiniert und gleichzeitig virtuell. Beachten Sie, daß `BaseT.DoIt` und `Obj1T.DoIt` unterschiedliche Parameterlisten haben. `Obj2T` redefiniert `DoIt`, da `Obj1T.DoIt` bereits virtuell ist, muß auch `Obj2T.DoIt` virtuell und exakt wie `Obj1T.DoIt` definiert werden. Der Konstruktor `Make` wird vererbt. `Obj3T` schließlich erbt `Make` und `DoIt`, `DoIt` bleibt virtuell. Die neudefinierte Methode `DoSomethingElse` ist nicht virtuell.

Wird eine redefinierte virtuelle Methode nicht genau wie im Vorgängerobjekt deklariert, bricht Turbo-Pascal die Übersetzung mit der Fehlermeldung `Error 131: Header does not match previous definition` ab. Wird versucht, eine virtuelle Methode mit einer nicht-virtuellen Methode zu redefinieren, bricht Turbo-Pascal mit der Meldung `Error 149: VIRTUAL expected` ab.

7.4.2 Konstruktoren

Eine Instanz eines Objekts mit virtuellen Methoden muß immer durch den Aufruf eines Konstruktors initialisiert werden. Wird dies unterlassen, führt ein Aufrufversuch einer Methode dieses Objekts zum Systemabsturz. Wenn

die Bereichsprüfung (Compilerschalter $R, "Range checking") eingeschaltet
ist, prüft Turbo-Pascal vor Aufruf jeder Methode, ob die Instanz initialisiert
wurde. Falls nicht, wird der Laufzeitfehler `Error 210: Objekt not initialized`
ausgelöst.

Ein Konstruktor ist eine Methode, in deren Deklaration das Schlüsselwort
`procedure` (oder `function`) durch `constructor` ersetzt ist. Ein Konstruktor kann
ausführbare Pascal-Anweisungen enthalten. Bevor diese beim Aufruf des
Konstruktors ausgeführt werden, führt Turbo-Pascal interne Initialisierungen
durch, die für die Arbeit mit virtuellen Methoden erforderlich sind. Aus diesem Grunde muß ein Konstruktor auch dann aufgerufen werden, wenn er
keine sichtbaren Anweisungen enthält.

Da der erfolgreiche Aufruf eines Konstruktors erst die Voraussetzungen zur
Verwendung der Instanz schafft, können Konstruktoren selber nicht virtuell
sein. Konstruktoren haben ansonsten die gleichen Eigenschaften wie gewöhnliche Methoden. Sie können vererbt, redefiniert, oder von anderen
Methoden aufgerufen werden. Für ein Objekt können mehrere Konstruktoren
definiert werden, ebenso ist der mehrmalige Aufruf eines Konstruktors für
die gleiche Instanz nicht verboten.

7.5 Virtuelle Methoden und dynamische Objekte

Virtuelle Methoden können sinnvoll nur im Zusammenhang mit dynamischer
Speicherverwaltung bzw. mit Zeigern verwendet werden. In den beiden Bei-
spielprogrammen aus Abschnitt 7.2 wird durch die Zuweisung `AP:= BP` nicht
die Instanz selber, sondern nur ein Zeiger auf diese Instanz kopiert. Die Instanz selber bleibt unverändert. Wird dagegen die Instanz selber kopiert,
wird der Typ nicht mitübertragen, wie das folgende Beispiel zeigt.

```
type AT                    = object

        AVar               : integer;
        constructor Make;
        procedure DoIt; virtual;

        end; {-- AT }

type APT                   = ^AT;

type BT                    = object( AT )

        BVar               : integer;
        procedure DoIt; virtual;

        end; {-- BT }
```

```
type BPT                 = ^BT;

constructor AT.Make;
begin
end; {-- Make }

procedure AT.DoIt;
begin
writeln( 'Hier ist AT.DoIt' );
end; {-- DoIt }

procedure BT.DoIt;
begin
writeln( 'Hier ist BT.DoIt' );
end; {-- DoIt }

var A : AT;
    B : BT;

begin

A.Make;
B.Make;

A.DoIt;
B.DoIt;
A:= B;
A.DoIt;

end.
```

Das Programm gibt als Ergebnis

```
Hier ist AT.Doit
Hier ist BT.Doit
Hier ist AT.Doit
```

aus. Das Ergebnis ist identisch z.B. aus Abschnitt 7.2 ohne virtuelle Methoden. Das Versagen des Mechanismus virtueller Methoden im letzten Beispiel hat einen tieferen Grund. Bei der Zuweisung A:= B wird nur das Datenelement B.AVar auf A.Avar kopiert. B.BVar wird nicht kopiert, da AT keine solche Variable definiert. Würde also nach der Zuweisung A:= B bei der Anweisung A.DoIt die Methode B.DoIt aufgerufen, besteht die Gefahr, daß B.DoIt auf nichtexistente Datenbereiche zugreift.

7.6   Das Problem der Objektgröße

Verschiedene Objekte einer Objekthierarchie haben im allgemeinen verschieden große Datenbereiche. Die Regeln der erweiterten Zuweisungskompatibilität ermöglichen die Zuweisung von Instanzen verschiedener Objekte der Hierarchie an ein- und dieselbe Variable. Bei Verwendung virtueller Techniken ist dies sogar die Regel. Das Beispielprogramm aus Abschnitt 7.2 zeigt, daß erst durch die Zuweisung AP:= BP der Unterschied zu normalen Objekten deutlich wird.

Möchte man nun den für eine Instanz zugewiesenen Speicherplatz zurückgeben, kann man nicht einfach Dispose(AP) schreiben. Nach der klassischen Definition von Dispose wird die Größe des Basistyps von AP (hier also AT) zur Berechnung des freizugebenden Speicherplatzes verwendet. Zeigt AP gerade auf eine Instanz eines Nachfolgers von AT, wird im allgemeinen zuwenig Speicher freigegeben.

Das Problem bei der Speicherfreigabe ist nicht neu. Es tritt in der klassischen Programmierung ebenfalls auf, z.B. dann, wenn dynamische Variable verschiedener Typen mit typlosen Zeigern verwaltet werden sollen. Dort führt man eine Variable in den Datenstrukturen mit, die die Größe der Struktur angibt. Das Wichtige ist, daß diese Variable vom Programmierer explizit gesetzt und bei der Rückgabe von Speicher verwendet werden muß.

In der objektorientierten Programmierung haben wir in der Fallstudie Kellerspeicher in Abschnitt 5.12 eine ähnliche Konstruktion verwendet, nur wurde dort nicht die tatsächliche Größe, sondern ein Aufzählungstyp zur Unterscheidung der Typen verwendet. Das Setzen bzw. das Abfragen der entsprechenden Variablen bei der Rückgabe des Speichers war auch hier Aufgabe des Programmierers. Objektorientiertes Programmieren mit virtuellen Methoden bietet hier eine einfache Möglichkeit, Objekte dynamisch zu verwalten, ohne sich um die Größe der Datenbereiche kümmern zu müssen.

7.7   Destruktoren und Dispose

Ein Destruktor ist eine Methode eines Objekts, die mit dem Schlüsselwort destructor deklariert wird. Der Destruktor im Zusammenhang mit Dispose wird dazu verwendet, die richtige Anzahl Bytes zurückzugeben. Dazu wird der Destruktor als zweites Argument von Dispose aufgerufen. Das Beispielprogramm aus Abschnitt 7.2 kann nun um die noch fehlenden Anweisungen zur Speicherfreigabe erweitert werden.

```
type AT                    = object

      AVar                 : integer;
      constructor Make;
      destructor Kill;
      procedure DoIt; virtual;

      end; {-- AT }
```

```
type APT                    = ^AT;

type BT                     = object( AT )

      BVar                  : integer;
      procedure DoIt; virtual;

      end; {-- BT }

type BPT                    = ^BT;

constructor AT.Make;
begin
end; {-- Make }

destructor AT.Kill;
begin
end; {-- Kill }

procedure AT.DoIt;
begin
writeln( 'Hier ist AT.DoIt' );
end; {-- DoIt }

procedure BT.DoIt;
begin
writeln( 'Hier ist BT.DoIt' );
end; {-- DoIt }

var AP : APT;
    BP : BPT;

begin

new( AP ); AP^.Make;
new( BP ); BP^.Make;

AP^.DoIt;
BP^.DoIt;
Dispose( AP, kill );

AP:= BP;
AP^.Doit;

dispose( AP, kill );
end.
```

Obwohl Dispose beidesmal mit AP aufgerufen wird, wird beim zweiten Aufruf
die der Größe von BT entsprechende Anzahl Bytes zurückgegeben. Der Destruktor Kill enthält in diesem Beispiel keine ausführbaren Anweisungen.
Der Compiler hat jedoch - gesteuert durch das Schlüsselwort destructor -
Code zur Berechnung der Größe der aktuellen Instanz generiert. In Verbindung mit Dispose kann so erreicht werden, daß immer die der Größe der gerade zugewiesenen Instanz entsprechende Menge Speicher freigegeben wird.

Wie jede Methode kann ein Destruktor ausführbare Anweisungen enthalten. Diese Anweisungen werden ausgeführt, bevor der Code zur Speicherplatzberechnung ausgeführt wird. Ein Objekt kann mehrere verschiedene Destruktoren definieren, und Destruktoren können virtuell sein. Beachten Sie bitte, daß im obigen Beispiel Kill an BT vererbt wird. Es ist zur korrekten Funktion des Freigabemechanismus nicht erforderlich, daß jedes Objekt seinen eigenen Destruktor definiert oder daß der Destruktor virtuell ist.

Destruktoren sollen aufgerufen werden, wenn ein dynamisch erzeugtes Objekt nicht mehr gebraucht wird. Alle Arbeiten, die zum Ende der Verwendung einer Instanz erforderlich sind, sollten in einem Destruktor zusammengefaßt werden. Im allgemeinen handelt es sich bei diesen Arbeiten um die Rückgabe dynamisch angeforderten Speichers. Oft benötigen Objekte einen variabel großen Speicherbereich zur Durchführung ihrer Aufgaben Dieser Speicher wird normalerweise bei der Initialisierung des Objekts vom Heap angefordert und bei Beendigung der Arbeit wieder zurückgegeben.

Die Deklaration einer Methode als Destruktor hat außer im Zusammenhang mit Dispose keine Wirkung. Aus diesem Grunde sollten für jedes Objekt ein Konstruktor und ein Destruktor definiert werden. Das Objekt kann dadurch flexibler verwendet werden. Vielleicht entscheidet sich doch einmal ein Anwender, das Objekt auf dem Heap zu erzeugen? Ähnlich wie sich für den Namen eines Konstruktors Make oder Init eingebürgert hat, werden Destruktoren meist Kill oder Done genannt.

7.8   Konstruktoren und New

Genauso wie Dispose kann auch New als zweites Argument eine Methode übergeben werden. Diese Methode wird dann sofort nach Zuteilung des Speichers aufgerufen. Werden virtuelle Methoden verwendet, ist diese Methode meist der Konstruktor des Objekts. Statt

```
New( BP ); BP^.Make;
```

schreibt man dann einfacher

```
New( BP, Make );
```

Ist Make ein Konstruktor, bietet die neue Syntax neben der Schreibvereinfachung vor allem eine Möglichkeit zur bequemen Behandlung eines Heap-overflow-Fehlers.

7.9 Abfangen von Heap-Overflow-Fehlern

Wird versucht. mehr Speicher auf dem Heap zu reservieren als dort noch verfügbar ist, reagiert Turbo-Pascal standardmäßig mit dem Laufzeitfehler Error 203: Heap overflow error. Eine Möglichkeit, diesen Fehler und den folgenden Programmabsturz zu vermeiden, ist die explizite Abfrage des noch zur Verfügung stehenden Speichers vor dem Aufruf von New durch die Funktion MaxAvail. Der normalerweise beschrittene Weg ist die Installation einer Heap-Error Routine, so daß das Fehlschlagen einer Speicheranforderung nicht zu einem Laufzeitfehler, sondern zu der Zuweisung von nil an den übergebenen Zeiger führt. Das nachfolgende Programm muß dann die Variable entsprechend auswerten.

Wird New zusammen mit einem Konstruktor verwendet, werden eventuell vorhandene Anweisungen des Konstruktors nur dann ausgeführt, wenn die Speicherzuweisung erfolgreich war. Wenn nicht, wird der Konstruktor nicht aufgerufen und nil zurückgeliefert. Fordert der Konstruktor selber noch dynamischen Speicher an, muß auch hier ein eventueller Speicherüberlauf abgefangen werden. Ein gut programmierter Konstruktor macht die bis dahin erfolgreich durchgeführten Initialisierungen rückgängig. Auch in einem solchen Falle wäre es wünschenswert, daß der bereits zugewiesene Speicherplatz für die Instanz wieder freigegeben und der zugeordnete Zeiger auf nil gesetzt wird. Turbo-Pascal stellt für diesen Zweck die neue Prozedur Fail bereit.

Der Aufruf von Fail macht das erfolgreiche Ergebnis von New rückgängig. Im folgenden Programm benötigt das Objekt AT 20k-Byte internen Speicher, die auf zwei Variablen verteilt werden sollen. Sowohl der Speicherplatz für die Instanz selber als auch der für die lokalen Daten werden vom Heap angefordert.

```
type TenKT             = array[ 1..10000 ] of char;

type AT                = object

     Local1P, Local2P  : ^TenKT;

     constructor Make;
     destructor Kill;
     procedure DoIt; virtual;

     end; {-- AT }

type APT               = ^AT;
```

```
constructor AT.Make;
begin

new( Local1P );
if Local1P = nil then
   fail;

new( Local2P );
if Local2P = nil then
   begin
   Dispose( Local1P );
   fail;
   end;

end; {-- Make }

destructor AT.Kill;
begin
Dispose( Local1P );
Dispose( Local2P );
end; {-- Kill }

procedure AT.DoIt;
begin
writeln( 'Hier ist AT.DoIt' );
end; {-- DoIt }

var AP : APT;

{$F+}
function HeapFunc( Size : word ) : integer;
begin
HeapFunc:= 1;
end; {-- HeapFunc }
{$F-}

begin

{-- Installation Heap Error Routine --}
HeapError:= @HeapFunc;

new( AP, Make );
if AP = nil then
   begin
   writeln( 'nicht genuegend Speicher !' );
   halt( 1 );
   end;

{-- Eigentliches Programm --}
.....


Dispose( AP, Kill );
end.
```

In diesem Programm kann an drei Stellen ein Speicherüberlauf auftreten. Zuerst versucht New, ausreichend Speicher für eine Instanz von AT zu reservieren. Gelingt das nicht, liefert New sofort nil zurück, ansonsten wird

`Make` ausgeführt. Wenn in `Make` keine 10k-Bytes reserviert werden können, sorgt der Aufruf von `Fail` dafür, daß bereits zugewiesener Speicher für die Instanz von `AT` wieder zurückgegeben wird und `AP` wiederum den Wert nil erhält. Die zweite Speicheranforderung wurde in das Programm aufgenommen, um auf einen häufig gemachten Fehler hinzuweisen. Es darf nämlich nicht vergessen werden, vor dem Aufruf von `Fail` die bereits erfolgreich zugewiesenen ersten 10k-Bytes auch wieder freizugeben!

Im obigen Beispiel braucht nach der Erzeugung der Instanz nur der zurückgelieferte Zeiger auf den Wert nil geprüft werden, um alle Fehlersituationen abfangen zu können. Wird `AT` zur Ableitung eines weiteren Objekts verwendet und wird dort der Konstruktor von `AT` aufgerufen, kann keine Variable abgefragt werden. Ein Konstruktor kann deshalb auch als Funktion vom Typ `boolean` verwendet werden. Liefert der Konstruktor FALSE, wurde innerhalb des Konstruktors `Fail` aufgerufen.

Im folgenden Programmsegment ist `BT` von `AT` abgeleitet. `BT` benötigt zusätzlich 10k-Bytes Speicher.

```
type BT                     = object( AT )
        LocalP              : ^TenKT;

        constructor Make;
        destructor Kill;
        procedure DoIt; virtual;
        end; {-- AT }
     BPT                    = ^BT;

constructor BT.Make;
begin

if not AT.Make then
   Fail;

New( LocalP );
if LocalP = nil then
   Fail;

end; {-- Make }

destructor BT.Kill;
begin
AT.Kill;
Dispose( LocalP );
end; {-- Kill }

procedure BT.DoIt;
begin
Writeln( 'Hier ist BT.DoIt' );
end; {-- DoIt }
```

Da `BT` von `AT` abgeleitet ist, sollte der Konstruktor von `BT` zunächst den Konstruktor von `AT` aufrufen, bevor eigene Initialisierungen durchgeführt werden.

`AT.Make` wird hier als Funktion verwendet, obwohl die Methode als Prozedur deklariert wurde. Der zurückgelieferte Funktionswert ist TRUE, wenn `AT.Make` richtig ausgeführt werden konnte. Der Aufruf von `Fail` innerhalb von `AT.Make` bewirkt die Rückgabe von FALSE.

7.10 Zweite Fallstudie Kellerspeicher

In Abschnitt 5.12 haben wir Routinen zur Implementierung eines Kellerspeichers vorgestellt. Wir haben dabei von der erweiterten Zuweisungskompatibilität innerhalb von Objekthierarchien Gebrauch gemacht, um verschiedene Objekte mit dem Kellerspeicher verwalten zu können. Die Handhabung des Kellerspeichers war jedoch etwas umständlich, vor allem weil der Typ der Objekte explizit verwaltet werden mußte, um eine korrekte Beförderung durchführen zu können.

7.10.1 Aufgabenstellung

In dieser Fallstudie soll der Kellerspeicher unter Verwendung virtueller Methoden so erweitert werden, daß die Notwendigkeit zur expliziten Beförderung von Instanzen durch den Programmierer und damit auch die Notwendigkeit zum Mitführen des Objekttyps entfällt.

7.10.2 Realisierung

Die eigentlichen Kellerspeicherroutinen werden kaum geändert, die Neuerung liegt in der Gestaltung der abzulegenden Objekte mit virtuellen Methoden. Auch in dieser Implementierung des Kellerspeichers weiß der Entwickler nicht, für welche Datentypen der Kellerspeicher verwendet werden wird. Er muß deshalb auch hier ein Urelement deklarieren, von dem der Anwender dann die eigentlichen Datenelemente ableiten kann. Die Ausstattung des Urelements mit einer Statusvariablen ist aber nicht mehr erforderlich, dafür werden ein Konstruktor und ein Destruktor definiert.

7.10.3 Der Interfaceteil

Der Interfaceteil hat sich gegenüber dem ursprünglichen Kellerspeicher wenig geändert. Im Wesentlichen sind Konstruktoren und Destruktoren sowie die Methode `StackT.Clear` hinzugekommen.

```
unit VStackU;
{
    StackT definiert einen Stack mit 10 Elementen.
    Push legt ein Element ab, liefert true wenn noch Platz
         fuer ein weiteres Element ist.
    Pop  liefert eine Element, nil wenn Stack leer ist.
}

interface

{-- Urtyp eines Stackelements ---------------------------------------}

type StackElmT              = object
     constructor Make;
     destructor Kill; virtual;
     end; {-- StackElmT }
  StackElmPT                = ^StackElmT;


{-- Der Stack selber -----------------------------------------------}

const MaxEntriesC           = 10;

type StackT                 = object
        Buffer              : array[ 1..MaxEntriesC ] of StackElmPT;
        Index               : integer;
        constructor Make;
        destructor Kill;
        function Push( EP : StackElmPT ) : boolean;
        function Pop : StackElmPT;
        procedure Clear;
        end; {-- StackT }

implementation

{$I VS150 }  {-- Make, Kill fuer StackElmT }

{$I VS110 }  {-- Make, Kill }
{$I  S120 }  {-- Push, Pop }
{$I VS130 }  {-- Clear }

end.
```

7.10.4 Die Implementierung

Im neuen Objekt stackT sind die Methoden Make und Kill nun als Konstruktor
und Destruktor deklariert. Die Implementierung ist in der Datei VS110 untergebracht

```
{--- Implementierung StackT  Make, Kill ----}

constructor StackT.Make;
begin
Index:= 1;
end; {-- Make }

destructor StackT.Kill;
begin
end; {-- Kill }
```

Die neue Methode clear soll alle Einträge des Kellerspeichers löschen und
gleichzeitig den für die Instanzen zugewiesenen Speicherplatz zurückgeben.

```
procedure StackT.Clear;

var I                       : integer;

begin
for I:= 1 to Pred( Index ) do
   Dispose( Buffer[ I ], Kill );
end; {-- Clear }
```

Hier ist ersichtlich, daß man sich beim Entwurf von clear nicht um die
tatsächliche Größe der abgelegten Instanzen kümmern muß. Dispose in Verbindung mit dem Destruktor Kill stellt sicher, daß die Größe der aktuellen
Instanz verwendet wird. Beachten Sie bitte, daß die Speicherberechnung auch
dann korrekt durchgeführt würde, wenn UrElmT.Kill nicht virtuell wäre. Die
Deklaration von Kill als Destruktor bewirkt die richtige Berechnung, nicht
die Deklaration als virtuelle Methode. Warum Kill trotzdem virtuell sein
sollte, werden wir später sehen. Das folgende Listing zeigt die restlichen
Includedateien VS150 und S120:

```
constructor StackElmT.Make;
begin
end;

destructor StackElmT.Kill;
begin
end;
```

```
{--- Implementierung StackT  Push, Pop --}


function StackT.Push( EP : StackElmPT ) : boolean;
begin

if Index = MaxEntriesC then {-- Speicher voll. EP nicht eintragen }
   begin
   Push:= false;
   exit;
   end;

Buffer[ Index ] := EP;
inc( Index );
Push:= true;

end; {-- Push }



function StackT.Pop : StackElmPT;
begin

if Index = 1 then {-- Speicher leer. nil zrueckliefern }
   begin
   Pop:= nil;
   exit;
   end;

dec( Index );
Pop:= Buffer[ Index ];

end; {-- Pop }
```

7.10.5 Eine kleine Anwendung

Betrachten wir nun die fertige Unit aus der Sicht eines Anwendungspro-
grammierers. Bei der Entwicklung eines Anwenderprogramms erscheint es
uns sinnvoll, den Kellerspeicher zur Verwaltung von Gleitkommazahlen und
komplexen Gleitkommazahlen zu verwenden. Wir definieren zu diesem
Zweck die beiden Objekte RealT und ComplexT.

```
type RealT                = object( StackElmT )
       R                  : real;
         end; {-- RealT }
     RealPT               = ^RealT;

type ComplexT             = object( StackElmT )
       XReal, XImg        : real;
         end; {-- ComplexT }
     ComplexPT            = ^ComplexT;
```

Ein Testprogramm, das den neuen Kellerspeicher mit RealT und ComplexT
nutzt, könnte etwa so aussehen:

```
uses VStackU;

type RealT                    = object( StackElmT )
        R                     : real;
        end; {-- RealT }
     RealPT                   = ^RealT;

type ComplexT                 = object( StackElmT )
        XReal, XImg           : real;
        end; {-- ComplexT }
     ComplexPT                = ^ComplexT;

var Stack                     : StackT;

var RealP                     : RealPT;
    ComplexP                  : ComplexPT;

var I                         : integer;

begin
Writeln( 'vor  Programmausfuehrung : ', MemAvail );
Stack.Make;

for I:= 1 to 8 do
   if Odd( I ) then
      begin
      New( RealP, Make );
      if not Stack.Push( RealP ) then Halt;
      end
   else
      begin
      New( ComplexP, Make );
      if not Stack.Push( ComplexP ) then Halt;
      end;


Stack.Clear;
Stack.Kill;
writeln( 'nach Programmausfuehrung : ', MemAvail );
end.
```

Die beiden Ausgabeanweisungen liefern den gleichen Wert und zeigen damit,
daß die Speicherverwaltung richtig funktioniert.

Als nächster Schritt sollen RealT und ComplexT so erweitert werden, daß sie zur
Datenspeicherung verwendet werden können. Zusätzlich soll der Inhalt des
Kellerspeichers ausgedruckt werden können. Die zum Ausdruck erforderlichen Anweisungen werden als eigene Prozedur mit dem Namen PrintAll zusammengefaßt. Es wäre sinnvoll, diese Prozedur als Methode zu StackT zu
formulieren, aber als Anwender der Unit gehen wir davon aus, daß der
Quellcode nicht zur Verfügung steht. Eine solche Situation tritt bei der Pro-

grammentwicklung recht häufig auf, unabhängig davon ob man konventionell oder objektorientiert programmiert.

Mit objektorientierter Programmierung ist die Lösung einfach. Wir leiten im Anwenderprogramm ein eigenes Objekt ab, das die neue Methode aufnehmen kann.

```
uses VStackU;

{-- Die Deklarationen fuer den neuen Stack mit Print-Prozedur --}

type MyStackElmT           = object( StackElmT )
        procedure Print; virtual;
        end; {-- MyStackElmT }
     MyStackElmPT           = ^MyStackElmT;

type MyStackT              = object( StackT )
        procedure PrintAll; virtual;
        end; {-- MyStackT }

{-- Die Deklarationen fuer die Nutzdaten --}

type RealT                 = object( MyStackElmT )
        R                  : real;
        constructor Make( NewR : real );
        procedure Print; virtual;
        end; {-- RealT }
     RealPT                = ^RealT;

type ComplexT              = object( MyStackElmT )
        XReal, XImg        : real;
        constructor Make( NewXReal, NewXImg : real );
        procedure Print; virtual;
        end; {-- ComplexT }
     ComplexPT             = ^ComplexT;

{$I MS110 } {-- Print fuer MyStackElmT }
{$I MS111 } {-- PrintAll fuer MySTackT }
{$I MS120 } {-- Methoden fuer RealT und ComplexT }

var Stack                  : MyStackT;

var RealP                  : RealPT;
    ComplexP               : ComplexPT;

var I                      : integer;

begin
Writeln( 'vor  Programmausfuehrung : ', MemAvail );
Stack.Make;
```

```
for I:= 1 to 8 do
   if Odd( I ) then
      begin
      New( RealP, Make( I ) );
      if not Stack.Push( RealP ) then Halt;
      end
   else
      begin
      New( ComplexP, Make( I, -I ) );
      if not Stack.Push( ComplexP ) then Halt;
      end;

Stack.PrintAll;
Stack.Clear;
Stack.Kill;
Writeln( 'nach Programmausfuehrung : ', MemAvail );
end.
```

Neben dem neuen Kellerspeicher MyStackT ist in diesem Programm auch ein
neues Datenurelement (MyStackElmT) definiert worden. Entsprechend werden
RealT und ComplexT nicht mehr von StackElmT, sondern von MyStackElmT abgeleitet. Wir werden MyStackElmT später zur Deklaration von Zeigern verwenden.
Von MyStackElmT selber werden keine Instanzen gebildet. MyStackElmT.Print
wird deshalb nicht aufgerufen. Zur Sicherheit kann die Methode aber trotzdem einen erklärenden Text ausgeben.

```
procedure MyStackElmT.Print;
begin
Writeln( 'Keine Printfunktion implementiert !' );
end; {-- Print }
```

Die Nutzdatenobjekte RealT und ComplexT haben nun explizite Konstruktoren
erhalten, die gleichzeitig die Variablen des Datenbereiches initialisieren. Beachten Sie, wie die beiden unterschiedlichen Make-Methoden im Hauptprogramm zusammen mit New verwendet werden. Die Print-Methoden der Nutzdatenobjekte sollen den jeweiligen Datenbereich auf dem Bildschirm ausgeben.

Die Datei MS120 enthält die Implementierung der Methoden von RealT und
ComplexT:

```
{---- Methoden fuer ComplexT ---}

constructor RealT.Make( NewR : real );
begin
R:= NewR;
end; {-- Make }

procedure RealT.Print;
begin
Writeln( 'RealZahl : ', R );
end; {-- Print }
```

```
{---- Methoden fuer ComplexT ---}

constructor ComplexT.Make( NewXReal, NewXImg : real );
begin
XReal:= NewXReal;
XImg := NewXImg;
end; {-- Make }

procedure ComplexT.Print;
begin
Writeln( 'Komplexe Zahl : (', Xreal, ' ', XImg, ' )' );
end; {-- Print }
```

Die neue Methode `MyStackT.PrintAll` ist in der Datei MS111 untergebracht:

```
procedure MyStackT.PrintAll;

var I                        : integer;

begin

for I:= 1 to Pred( Index ) do
   MyStackElmPT( Buffer[ I ] )^.Print;

end; {-- PrintAll }
```

`Pop` liefert als Ergebnis einen Zeiger vom Typ `StackElmT`. Da `StackElmT` keine `Print`-Methode definiert, könnte der Zeiger nicht zum Aufruf von `RealT.Print` oder `ComplexT.Print` verwendet werden, selbst dann nicht, wenn der Zeiger auf eine Instanz dieser Objekte zeigt. Die Deklaration des neuen Daten-Urelements `MyStackElmT` löst das Problem, wenn auch eine explizite Typumwandlung unvermeidlich ist.

Zum Schluß dieses Abschnitts soll ein kleiner Trick verraten werden, der zwar von Puristen der objektorientierten Programmierung nicht gern gesehen, aber von Turbo-Pascal Programmierern häufig verwendet wird, um die Deklaration von `MyStackElmT` zu vermeiden. Aufgrund der Implementierung des Mechanismus virtueller Methoden in Turbo-Pascal kann nämlich zur expliziten Typumwandlung in `MyStackT.PrintAll` auch direkt `RealPT` oder `stringPT` verwendet werden. `MyStackT.PrintAll` erhält dann diese Form (Datei MS111a):

```
procedure MyStackT.PrintAll;

var I                        : integer;

begin

for I:= 1 to Pred( Index ) do
   RealPT( Buffer[ I ] )^.Print;

end; {-- Print }
```

Im Hauptprogramm werden RealT und ComplexT nun wieder von StackElmT abgeleitet

```
uses VStackU;

{-- Die Deklarationen fuer den neuen Stack mit Print-Prozedur --}

type MyStackT               = object( StackT )
        procedure PrintAll; virtual;
        end; {-- MyStackT }

{-- Die Deklarationen fuer die Nutzdaten --}

type RealT                  = object( StackElmT )
        R                   : real;
        constructor Make( NewR : real );
        procedure Print; virtual;
        end; {-- RealT }
     RealPT                 = ^RealT;

type ComplexT               = object( StackElmT )
        XReal, XImg         : real;
        constructor Make( NewXReal, NewXImg : real );
        procedure Print; virtual;
        end; {-- ComplexT }
     ComplexPT              = ^ComplexT;

{$I MS111a} {-- PrintAll fuer MySTackT }
{$I MS120 } {-- Methoden fuer RealT und ComplexT }

var Stack                   : MyStackT;

var RealP                   : RealPT;
    ComplexP                : ComplexPT;

var I                       : integer;

begin
Writeln( 'vor  Programmausfuehrung : ', MemAvail );
Stack.Make;

for I:= 1 to 8 do
   if Odd( I ) then
      begin
      New( RealP, Make( I ) );
      if not Stack.Push( RealP ) then Halt;
      end
   else
      begin
      New( ComplexP, Make( I, -I ) );
      if not Stack.Push( ComplexP ) then Halt;
      end;

Stack.PrintAll;
Stack.Clear;
Stack.Kill;
writeln( 'nach Programmausfuehrung : ', MemAvail );
end.
```

Dieser Trick setzt voraus, daß RealPT im Objekt MyStackT bekannt ist. In unserem Beispiel ist das deshalb der Fall, weil MyStackT nicht als Unit, sondern direkt im Anwendungsprogramm formuliert wurde. Möchte man die neue Funktionalität von MyStackT ebenfalls datenunabhängig halten, muß der Weg über die Deklaration des polymorphischen Objekts MyStackElmT gegangen werden.

7.10.6 Neue Syntax für New

Im letzten Programm wurden die Variablen RealP und ComplexP dazu verwendet, neu erzeugte Instanzen von RealT und ComplexT aufzunehmen. Innerhalb von PrintAll z.B. wird zur Zuweisung der verschiedenen Instanzen nur eine Variable benötigt. Wegen der erweiterten Zuweisungskompatibilität innerhalb von Objekthierarchien ist dies problemlos möglich.

Turbo-Pascal bietet die Möglichkeit, auch bei der Erzeugung von Instanzen allgemeine Variablen zu verwenden. Zeigervariable werden dann nur noch vom Typ des Urvaterobjekts in der Hierarchie deklariert. Diesen Zeigern können Instanzen beliebiger Objekte der Hierarchie zugewiesen werden. Im obigen Beispiel ist das Urvaterobjekt MyStackElmT. Zur Arbeit mit Instanzen von RealT und ComplexT (und später evtl. weiteren Objekten der Hierarchie) reichen Zeigervariablen vom Typ MyStackElmPT aus. Bei der Zuweisung von Speicher mit New ist nun aber ein weiterer Parameter erforderlich, der angibt, von welchem Objekt eine Instanz erzeugt werden soll. Statt

```
New( RealP, Make( I ) );
```

schreibt man dann

```
RealP:= New( RealPT, Make( I ) );
```

New erhält als erstes Argument nur noch den Typ der gewünschten Instanz und liefert einen Zeiger auf den angeforderten Datenbereich (bzw. nil) zurück. Die aufnehmende Variable muß nicht mehr vom Typ RealPT sein, sondern kann - wegen der erweiterten Zuweisungskompatibilität - auch eine Zeigervariable eines Vorgängers von RealT sein.

Das folgende Listing zeigt eine Modifikation des letzten Programms , in der Zeigervariablen vom Typ RealPT und ComplexPT nicht mehr erforderlich sind. Alle Zeigeroperationen werden mit Variablen vom Typ MyStackElmPT ausgeführt.

```pascal
uses VStackU;

{-- Die Deklarationen fuer den neuen Stack mit Print-Prozedur --}

type MyStackElmT          = object( StackElmT )
        procedure Print; virtual;
        end; {-- MyStackElmT }
     MyStackElmPT          = ^MyStackElmT;

type MyStackT             = object( StackT )
        procedure PrintAll; virtual;
        end; {-- MyStackT }

{-- Die Deklarationen fuer die Nutzdaten --}

type RealT                = object( MyStackElmT )
        R                 : real;
        constructor Make( NewR : real );
        procedure Print; virtual;
        end; {-- RealT }
     RealPT               = ^RealT;

type ComplexT             = object( MyStackElmT )
        XReal, XImg       : real;
        constructor Make( NewXReal, NewXImg : real );
        procedure Print; virtual;
        end; {-- ComplexT }
     ComplexPT            = ^ComplexT;

{$I MS110 } {-- Print fuer MyStackElmT }
{$I MS111 } {-- PrintAll fuer MySTackT }
{$I MS120 } {-- Methoden fuer RealT und ComplexT }

var Stack                 : MyStackT;

var WorkP                 : MyStackElmPT;

var I                     : integer;

begin
Writeln( 'vor  Programmausfuehrung : ', MemAvail );
Stack.Make;

for I:= 1 to 8 do
   begin

   if Odd( I ) then
     WorkP:= New( RealPT, Make( I ) )
   else
     WorkP:= New( ComplexPT, Make( I, -I ) );

   if not Stack.Push( WorkP ) then Halt;
   end;

Stack.PrintAll;
Stack.Clear;
Stack.Kill;
writeln( 'nach Programmausfuehrung : ', MemAvail );
end.
```

7.10.7 Erweiterung um ein größeres Objekt

Wir wollen das Beispiel um ein Objekt, das selber zusätzlichen dynamischen Speicher benötigt, erweitern. Wir nehmen an, daß das Objekt konstant 10k-Bytes Speicher benötigt. Normalerweise könnte man bei einem konstanten Speicherbedarf auf eine dynamische Speicherverwaltung innerhalb des Objekts verzichten und den benötigten Speicher fest im Datenbereich des Objekts deklarieren. Die dynamische Anforderung und Freigabe ist nur dann notwendig, wenn die Größe des erforderlichen Speicherbereiches erst zur Laufzeit bestimmt werden kann oder von Instanz zu Instanz unterschiedlich ist. Um die Vorgehensweise zu demonstrieren, beschränken wir uns im folgenden Beispiel auf eine feste Größe von 10K-Bytes.

```
type BigChunkT            = array[ 1..10000 ] of char;
     BigChunkPT           = ^BigChunkT;

type BigObjT              = object( MyStackElmT )
       BigChunkP          : BigChunkPT;
       constructor Make;
       destructor Kill; virtual;
       end; {-- BigObjT }
     BigObjPT             = ^BigObjT;
```

Wir nehmen an, daß eine Print-Funktion für dieses Objekt nicht sinnvoll ist und definieren deshalb keine eigene `Print`-Methode. Die Anforderung und Rückgabe des Speichers wird im Konstruktor und Destruktor durchgeführt (Datei MS121):

```
constructor BigObjT.Make;
begin
new( BigChunkP );
if BigChunkP = nil then fail;
end; {-- Make }

destructor BigObjT.Kill;
begin
dispose( BigChunkP );
end; {-- Kill }
```

Die Erweiterung des Beispiels zur Nutzung des Kellerspeichers zeigt das folgendes Listing.

```
uses VStackU;

{-- Die Deklarationen fuer den neuen Stack mit Print-Prozedur --}

type MyStackElmT            = object( StackElmT )
        procedure Print; virtual;
        end; {-- MyStackElmT }
     MyStackElmPT           = ^MyStackElmT;

type MyStackT               = object( StackT )
        procedure PrintAll; virtual;
        end; {-- MyStackT }

{-- Die Deklarationen fuer die Nutzdaten --}

type RealT                  = object( MyStackElmT )
        R                   : real;
        constructor Make( NewR : real );
        procedure Print; virtual;
        end; {-- RealT }
     RealPT                 = ^RealT;

type ComplexT               = object( MyStackElmT )
        XReal, XImg         : real;
        constructor Make( NewXReal, NewXImg : real );
        procedure Print; virtual;
        end; {-- ComplexT }
     ComplexPT              = ^ComplexT;

type BigChunkT              = array[ 1..10000 ] of char;
     BigChunkPT             = ^BigChunkT;

type BigObjT                = object( MyStackElmT )
        BigChunkP           : BigChunkPT;
        constructor Make;
        destructor Kill; virtual;
        end; {-- BigObjT }
     BigObjPT               = ^BigObjT;

{$I MS110 } {-- Print fuer MyStackElmT }
{$I MS111 } {-- PrintAll fuer MySTackT }
{$I MS120 } {-- Methoden fuer RealT und ComplexT }
{$I MS121 } {-- Methoden fuer BigObjT }

var Stack                   : MyStackT;

var WorkP                   : MyStackElmPT;

var i                       : integer;
```

```
begin
Writeln( 'vor  Programmausfuehrung : ', MemAvail );
Stack.Make;

for I:= 1 to 8 do
   begin

   case Random( 3 )  of
   0 : WorkP:= New( RealPT, Make( I ) );
   1 : WorkP:= New( ComplexPT, Make( I, -I ) );
   2 : WorkP:= New( BigObjPT, Make );
   end;

   if WorkP = nil then
      Writeln( 'nicht genug Speicher !' )
   else
      if not Stack.Push( WorkP ) then
         Writeln( 'Stackueberlauf' );

   end;

Stack.PrintAll;
Stack.Clear;
Stack.Kill;
writeln( 'nach Programmausfuehrung : ', MemAvail );
end.
```

Am Beispiel von BigObjT wird klar, warum bei der Entwicklung der Unit VStackU der Destruktor des Urelements bereits virtuell sein sollte. Enthält der Kellerspeicher Instanzen vom Typ BigObjT und wird Clear aufgerufen, würde sonst nicht BigObjT.Kill sondern MyStackElmT.Kill aufgerufen. Die Folge wäre, daß die 10k-Bytes lokaler Speicher dieser Instanz nicht freigegeben würden.

DoSomething ruft für alle Instanzen des Kellerspeichers die Methode Print auf. Das neue Objekt BigObjT definiert jedoch keine eigene Print-Methode. Daher wird die gleichnamige Methode des Vorgängers aufgerufen, die die Meldung Keine Printfunktion implementiert ! ausgibt.

Die Definition einer Print-Methode mit einer Fehlermeldung bereits in MyStackElmT zeigt ein wichtiges Prinzip beim Entwurf von Objekthierarchien. Bei der Entwicklung einer Hierarchie sollte man grundsätzlich ein Urelement definieren, von dem die Arbeitszeiger im Programm definiert werden können. Das Urelement soll bereits alle virtuellen Methoden, die die Nachfolgeobjekte benötigen, ebenfalls definieren. Die Implementierung sollte z.B. eine Fehlermeldung produzieren oder eine Fehlerroutine aufrufen. Wenn für ein Objekt tatsächlich keine sinnvolle Print-Methode definiert werden kann, sollte zumindest eine Dummy-Prozedur implementiert werden, um den Aufruf der Fehlerroutine im Urobjekt zu vermeiden. Im Falle von BigObjT wäre es also besser gewesen zu schreiben:

```
type BigChunkT              = array[ 1..10000 ] of char;
     BigChunkPT             = ^BigChunkT;

type BigObjT                = object( MyStackElmT )
        BigChunkP           : BigChunkPT;
        constructor Make;
        destructor Kill; virtual;
        procedure Print; virtual;
        end; {-- BigObjT }
     BigObjPT               = ^BigObjT;

procedure BigObjT.Print; begin end;
```

Betrachten wir noch einmal das Programm auf Seite 109. Dort konnte auf die
Deklaration von MyStackElmT verzichtet werden, da für die notwendige Typumwandlung in PrintAll direkt der Typ RealPT verwendet wurde. Nach dem
Hinzufügen des Objekts BigObjT ist ersichtlich, warum dieser Trick - wenn
auch häufig verwendet - nicht zu empfehlen ist. Das folgende Listing zeigt
das um BigObjT erweiterte Programm von Seite 109

```
uses VStackU;

{-- Die Deklarationen fuer den neuen Stack mit Print-Prozedur --}

type MyStackT               = object( StackT )
        procedure PrintAll; virtual;
        end; {-- MyStackT }

{-- Die Deklarationen fuer die Nutzdaten --}

type RealT                  = object( MyStackElmT )
        R                   : real;
        constructor Make( NewR : real );
        procedure Print; virtual;
        end; {-- RealT }
     RealPT                 = ^RealT;

type ComplexT               = object( MyStackElmT )
        XReal, XImg         : real;
        constructor Make( NewXReal, NewXImg : real );
        procedure Print; virtual;
        end; {-- ComplexT }
     ComplexPT              = ^ComplexT;

type BigChunkT              = array[ 1..10000 ] of char;
     BigChunkPT             = ^BigChunkT;

type BigObjT                = object( StackElmT )
        BigChunkP           : BigChunkPT;
        constructor Make;
        destructor Kill; virtual;
        end; {-- BigObjT }
     BigObjPT               = ^BigObjT;

{$I MS111a} {-- PrintAll fuer MySTackT }
{$I MS120 } {-- Methoden fuer RealT und ComplexT }
{$I MS121 } {-- Methoden fuer BigObjT }
```

```
var Stack                     : MyStackT;

var WorkP                     : MyStackElmPT;

var I                         : integer;

begin
Writeln( 'vor  Programmausfuehrung : ', MemAvail );
Stack.Make;

for I:= 1 to 8 do
   begin

   case Random( 3 )  of
   0 : WorkP:= New( RealPT, Make( I ) );
   1 : WorkP:= New( ComplexPT, Make( I, -I ) );
   2 : WorkP:= New( BigObjPT, Make );
   end;

   if WorkP = nil then
      Writeln( 'nicht genug Speicher !' )
   else
      if not Stack.Push( WorkP ) then
         Writeln( 'Stackueberlauf' );

   end;

Stack.PrintAll;
Stack.Clear;
Stack.Kill;
Writeln( 'nach Programmausfuehrung : ', MemAvail );
end.
```

BigObjT ist hier als direkter Nachfolger von StackElmT definiert. Der Aufruf

```
RealPT( Buffer[ I ] )^.Print;
```

in PrintAll bewirkt bei einer Instanz ohne Print-Methode den Sprung zu einer nicht definierten Adresse mit der Folge, daß der Rechner meist neu gebootet werden muß. In der internen Tabelle für virtuelle Prozeduren ist im Falle von BigObjT kein Eintrag für Print vorhanden. An der entsprechenden Stelle stehen schon die Daten der nächsten Variablen. Durch die explizite Typumwandlung werden die sonst strengen Typprüfungen des Compilers vom Programmierer außer Kraft gesetzt. Bei solchen Konstruktionen ist daher größte Vorsicht geboten.

7.10.8 Resume

Als Ergebnis können wir festhalten, daß der Kellerspeicher mit virtuellen Methoden ohne Kenntnis der in einem Anwenderprogramm auftretenden Datenstrukturen realisiert werden kann. Der damit normalerweise verbundene Aufwand zur expliziten Typumwandlung kann in den meisten Fällen vermieden werden. Ebenso kann das Problem der Bestimmung der aktuellen Größe einer Instanz bei Verwendung virtueller Methoden auf den Compiler abgewälzt werden. Diesen Vorteilen steht der Nachteil gegenüber, daß Objekte mit virtuellen Methoden grundsätzlich durch Aufruf eines Konstruktors initialisiert werden müssen. Dieser Nachteil wird allerdings dadurch relativiert, daß die meisten Objekte Datenbereiche definieren, die sowieso initialisiert werden müssen. Es ist guter Programmierstil, diese Initialisierungen im Konstruktor zusammenzufassen. Durch die Deklaration als Konstruktor wird die für Turbo-Pascal intern wichtige Initialisierung quasi nebenbei mit erledigt. Analoges gilt auch für den Destruktor.

7.11 "Virtuelle Methoden" in traditionellem Pascal

Erfahrenen Turbo-Pascal Programmierer verwenden gerne Prozedurvariablen, wenn eine Prozedur aufgerufen werden soll, die erst zur Laufzeit bestimmt werden kann. Das folgende Programmsegment deklariert einen Prozedurtyp und eine Prozedurvariable.

```
type ProcT                = procedure( S : string );

var Proc1                 : ProcT;
```

Proc1 kann z.B. dazu verwendet werden, um für alle Elemente des Kellerspeichers eine Prozedur aufzurufen, die erst zur Laufzeit bestimmt werden kann. Wir haben vorausgesetzt, daß der Kellerspeicher Datenelemente vom Typ pointer verwalten soll. Eine Arbeitsprozedur, die dies leistet, könnte etwa so aussehen:

```
procedure DoSomething( var Stack : StackT; Proc : ProcT );

var I : integer;

begin
for I:= 1 to Stack.Index do
   Proc( Stack.Buffer[ I ] );
end; {-- DoSomething }
```

Die Prozedurdeklaration zusammen mit DoSomething und der Implementierung der Kellerspeicherroutinen für allgemeine Zeiger kann in einer Unit untergebracht werden. Im folgenden Listing sind die Kellerspeicherroutinen Push und Pop nicht gezeigt, da sie in diesem Zusammenhang unwichtig sind.

```
unit StackU2;
interface

type ProcT                 = procedure( P : pointer );

const MaxEntriesC          = 10;
type StackT                = record
        Buffer             : array[ 1..MaxEntriesC ] of pointer;
        Index              : integer;
        end;

procedure DoSomething( var Stack : StackT; Proc : ProcT );

implementation

procedure DoSomething( var Stack : StackT; Proc : ProcT );
var I : integer;
begin
for I:= 1 to Stack.Index do
   Proc( Stack.Buffer[ I ] );
end; {-- DoSomething }

end.
```

Mit dieser Konstruktion hat man erreicht, daß die Prozedur DoSomething der Unit andere Prozeduren aufrufen kann, die zur Übersetzungszeit der Unit noch nicht bekannt sein müssen. Dieses Ziel kann auch durch objektorientierte Programmierung mit virtuellen Methoden erreicht werden. Wo liegt die Notwendigkeit der Programmierung mit virtuellen Methoden, wenn das gleiche Ergebnis auch mit konventioneller Programmierung erreicht werden kann?

Der Unterschied wird klar, wenn wir verlangen, daß der Kellerspeicher Datenelemente verschiedener Typen verwalten soll. Für die verschiedenen Typen soll DoSomething verschiedene Prozeduren aufrufen. Eine Möglichkeit zur Implementierung ist die Einführung einer case-Anweisung in DoSomething, in der ein spezieller Prozeduraufruf für jeden Datentyp untergebracht wird. Definiert der Anwender einen neuen Datentyp, muß die case-Anweisung entsprechend erweitert und DoSomething einen neuen Prozedurparameter erhalten. Dieser Ansatz kann dem Anspruch auf datenunabhängige Implementierung des Kellerspeichers nicht genügen. Es bleibt praktisch nur die Möglichkeit, die Adresse der jeweils aufzurufenden Prozedur mit im Kellerspeicher zu verwalten. Das folgende Listing zeigt eine Implementierung dieses Ansatzes.

```
unit StackU3;
interface

type ProcT                   = procedure( P : pointer );

type DataElmT                = record
       Proc                  : ProcT;
       DataP                 : pointer; {-- Zeigt auf Nutzerdaten }
       end;

const MaxEntriesC            = 10;
type StackT                  = record
       Buffer                : array[ 1..MaxEntriesC ] of DataElmT;
       Index                 : integer;
       end;

procedure DoSomething( var Stack : StackT );

implementation

procedure DoSomething( var Stack : StackT );
var I : integer;
begin
for I:= 1 to Stack.Index do
   with Stack.Buffer[ I ] do
      Proc( DataP );
end; {-- DoSomething }

end.
```

DoSomething hat nun einen Parameter weniger, denn die Prozedurvariable wird
im Kellerspeicher selber mitgeführt. Die nicht gezeigte Prozedur Push muß
nun aber einen Parameter mehr haben, denn der Anwender muß beim Ablegen eines Datenelementes nun angeben, welche Arbeitsprozedur von
DoSomething für das übergebene Datenelement aufgerufen werden soll.

Bereits hier sieht man, daß die Lösung des Problems mit objektorientierter
Programmierung wesentlich übersichtlicher und einfacher ist. Ein weiteres
Manko des konventionellen Ansatzes ist die fehlende Fehlerprüfung, z.B. bei
nicht oder falsch initialisierten Prozedurvariablen. Die Fehlerprüfung müßte
durch den Programmierer explizit implementiert werden. Bei der Lösung mit
objektorientierter Programmierung werden diese Prüfungen vom Turbo-Pascal automatisch durchgeführt, wenn der Schalter $R eingeschaltet ist.

7.12 Ein Blick hinter die Kulissen

Im Prinzip kann das Ergebnis objektorientierter Programmierung mit virtuellen Methoden auch durch die Verwendung von Prozedurvariablen erreicht
werden. Intern bildet der Compiler Aufrufe von virtuellen Methoden mit einer ähnlichen Technik ab.

Für jedes Objekt mit virtuellen Methoden, Konstruktoren oder Destruktoren legt der Compiler im Datensegment eine Tabelle, die sog. *Virtual Methods Table* oder *VMT* an. Im ersten Wort der VMT steht die Größe des Datenbereiches dieses Objekts, im zweiten Wort steht ebenfalls die Größe, jedoch als negative Zahl. Diese Redundanz wird von internen Prüfroutinen verwendet, um die korrekte Initialisierung einer Instanz zur Laufzeit zu verifizieren. Die folgenden Einträge enthalten für jede virtuelle Methode des Objekts einen 32-bit Zeiger zum Einsprungpunkt der Methode.

Zusätzlich erweitert der Compiler den Datenbereich eines Objekts mit VMT um eine 16-bit Größe, das sog. *VMT-Feld*. Dieses Feld nimmt später die Adresse der zugehörigen VMT auf. Da dem VMT-Feld kein Pascal-Bezeichner im Datenbereich entspricht, ist es dem Programmierer nicht direkt zugänglich. Das VMT-Feld wird sofort nach dem Datenbereich des Objekts angeordnet. Wird eine virtuelle Methode, ein Konstruktor oder Destruktor vererbt, wird auch das VMT-Feld des Vorgängers vererbt. Betrachten wir als Beispiel die folgende Objekthierarchie:

```
type AT                         = object
        AVar                    : integer;

        procedure Proc1( X, Y : word );
        end; {-- AT }

type BT                         = object( AT )
        BVar                    : integer;

        constructor Make;
        procedure Proc1( X, Y, Start : word ); virtual;
        procedure Proc2; virtual;
        end; {-- BT }

type CT                         = object( BT )
        CVar                    : integer;

        procedure Proc1( X, Y, Start : word ); virtual;
        procedure Proc3; virtual;
        end; {-- CT }
```

In der folgenden Zeichnung der Datenbereiche von AT, BT und CT bedeutet jedes Rechteck ein Datenwort.

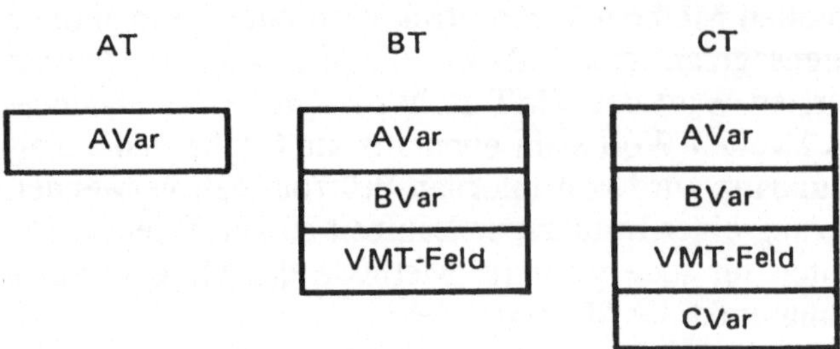

Bild 7-1 : Layout der Datenbereiche der Objekte

Da ʙᴛ zum ersten Mal virtuelle Methoden (bzw. einen Konstruktor) definiert, wird das VMT-Feld im Datenbereich nach ʙVᴀʀ angeordnet. cᴛ erbt dieses Feld und definiert zusätzlich cVᴀʀ.

Die VMTs der drei Objekte haben folgende Form (kleine Rechtecke bedeuten ein Wort, große zwei Worte):

VMT für BT

$6
$FFFA
∂BT.Proc1
∂BT.Proc2

VMT für CT

$8
$FFF8
∂CT.Proc1
∂BT.Proc2
∂CT.Proc3

Bild 7-2 : VMT-Layout

Beachten Sie bitte, daß in den VMTs für ʙᴛ und cᴛ gleiche Prozedurnamen auch gleiche Offsets haben, egal ob die Methoden vererbt oder redefiniert wurden. Pʀoc2 wird an cᴛ vererbt, daher steht an der entsprechenden Stelle in der VMT von cᴛ die Adresse von ʙᴛ.Pʀoc2.

Die Verbindung zwischen dem VMT-Feld einer Instanz und der VMT des zugehörigen Objekts wird zur Laufzeit durch einen Konstruktor des Objekts durchgeführt. In der obigen Objekthierarchie erbt cᴛ den Konstruktor von ʙᴛ. Es ist deshalb nicht möglich, daß der Initialisierungsteil eines Konstruktors die VMT-Adresse seines Objekts enthält. Instanzen von cᴛ würden sonst mit der VMT von BT initialisiert. Vielmehr ist es erforderlich, die Adresse der jeweiligen VMT als zusätzlichen Parameter an den Konstruktor zu übergeben.

Zur Übergabe dieses Wertes besitzen Konstruktoren vor dem self-Parameter einen zusätzlichen, versteckten Parameter vom Typ word. Da Konstruktoren selbst nicht virtuell sein können, ist bei der Übersetzung eines Konstruktors das zugehörige Objekt eindeutig bestimmt. Der Compiler kann deshalb die Adresse der VMT dieses Objekts als Konstante in diesem zusätzlichen Parameter übergeben. Bei der Ausführung des Konstruktors zur Laufzeit kann das VMT-Feld der Instanz immer richtig besetzt werden, auch wenn der Konstruktor vererbt wird. Für Instanzen von Objekten mit virtuellen Methoden, Konstruktoren oder Destruktoren ist deshalb immer der Aufruf eines Konstruktors erforderlich, auch wenn der Konstruktor keine Pascal-Anweisungen enthält.

In Turbo-Pascal 5.5 wurde der Compilerschalter $R um die Funktion "VMT-Prüfung" erweitert. Ist der Schalter aktiviert, fügt der Compiler vor jedem Aufruf einer virtuellen Prozedur einen Sprung zu einer Prüfungsroutine ein. Diese Routine prüft, ob das erste Wort der VMT ungleich Null und die Summe der ersten beiden Worte der VMT gleich Null ist. Liefert eine der beiden Prüfungen ein falsches Ergebnis, wird der Laufzeitfehler Error 210: Object not initialized ausgelöst.

Der große Augenblick kommt, wenn eine virtuelle Methode aufgerufen wird. Bei der Übersetzung eines Aufrufes einer virtuellen Methode codiert der Compiler nicht einen Sprung zu einer festen Adresse, sondern zu einer Adresse, die sich aus dem festen Offset in einer VMT ergibt. Ist die Instanz richtig initialisiert, steht die Adresse der VMT im VMT-Feld der aktuellen Instanz. Je nachdem, zu welchem Objekt die Instanz gehört, wird dann die richtige Methode aufgerufen.

Eine Voraussetzung dazu ist, daß Adressen vom Methoden gleichen Namens auch an gleichen Offsets in der VMT abgelegt werden. Der Compiler stellt dies beim Aufbau der VMT zur Übersetzungszeit sicher, auch dann, wenn in abgeleiteten Objekten die virtuellen Methoden in einer anderen Reihenfolge definiert werden.

Beachten Sie bitte, daß auch dann eine VMT angelegt werden kann, wenn ein Objekt keine virtuellen Methoden definiert. Zur Anlage einer VMT reicht die Definition eines Konstruktors oder Destruktors aus. Die VMT enthält dann keine Einträge für virtuelle Methoden, sondern nur die beiden Felder für die Größe der aktuellen Instanz.

7.13 Die Funktion SizeOf

Bis zur Version 5.0 von Turbo-Pascal lieferte die Funktion sizeof die deklarierte Größe eines Typs oder einer Variablen. Wird sizeof auf eine Instanz eines Objekts mit einer VMT angewendet, wird als Ergebnis die aktuelle Größe der Instanz zurückgeliefert.

```
type AT                         = object
       AVar                     : integer;

       constructor Make;
       end; {-- AT }
     APT                        = ^AT;

type BT                         = object( AT )
       BVar                     : string;
       end; {-- BVar }
     BPT                        = ^BT;


constructor AT.Make; begin end;

var AP    : APT;
    BP    : BPT;

begin

New( AP, Make );
New( BP, Make );

Writeln( SizeOf( AP^ ) );
AP:= BP;
Writeln( SizeOf( AP^ ) );

end.
```

In diesem Beispiel haben AT und BT zwar keine virtuellen Methoden, aber einen Konstruktor. Dies bewirkt, daß für beide Objekte eine VMT angelegt wird. Das Programm liefert als Ergebnis die Werte 4 und 260. Dies zeigt, daß sizeof(AP) die aktuelle und nicht die deklarierte Größe der Instanz liefert. Die Datenbereiche der beiden Objekte sind jedoch nur 2 bzw. 258 Bytes groß. Die zwei zusätzlichen Bytes in jedem Objekt entsprechen dem vom Compiler automatisch hinzugefügten VMT-Feld.

Zum Vergleich ändern wir das letzte Programm so ab, daß keine VMT erzeugt wird:

```
type AT                         = object
       AVar                     : integer;

       procedure Make;
       end; {-- AT }
     APT                        = ^AT;
```

```
type BT                      = object( AT )
      BVar                   : string;
        end; {-- BVar }
    BPT                      = ^BT;

procedure AT.Make; begin end;

var AP    : APT;
    BP    : BPT;

begin

New( AP );
New( BP );

Writeln( SizeOf( AP^ ) );
AP:= BP;
Writeln( SizeOf( AP^ ) );

end.
```

Die Programmausführung liefert als Ergebnis für beide sizeOf-Anweisungen
den Wert 2. Dies entspricht der deklarierten Größe des Basistyps von AP.

7.14 Die Funktion TypeOf

TypeOf ist eine mit der Version 5.5 neu hinzugekommene Funktion vom Typ
pointer. TypeOf kann nur auf eine Instanz eines Objekts mit einer VMT angewendet werden. Als Ergebnis wird ein Zeiger auf die VMT zurückgeliefert.
Meist wird die TypeOf-Funktion dazu verwendet, verschiedene Instanzen da-
raufhin zu prüfen, ob sie Instanzen des gleichen Objekts sind.

```
type AT                      = object
      AVar                   : integer;

      constructor Make;
      end; {-- AT }
    APT                      = ^AT;

type BT                      = object( AT )
      BVar                   : string;
      end; {-- BVar }
    BPT                      = ^BT;
```

```
constructor AT.Make; begin end;

var AP   : APT;
    BP   : BPT;

begin

New( BP, Make );

AP:= BP;
writeln( TypeOf( AP^ ) = TypeOf( BP^ ) );

end.
```

Obwohl AP und BP verschiedenen Basistypen haben, liefert der Vergleich
TRUE.

Das Argument von TypeOf muß immer ein Bezeichner sein, der vom Typ
eines Objekts mit einer VMT ist. Das folgende Programm ist syntaktisch
nicht korrekt:

```
type AT                      = object
        AVar                 : integer;
        end; {-- AT }
    APT                      = ^AT;

type BT                      = object( AT )
        BVar                 : string;

        constructor Make;
        end; {-- BVar }
    BPT                      = ^BT;

constructor BT.Make; begin end;

var AP   : APT;
    BP   : BPT;

begin

New( BP, Make );

AP:= BP;
Writeln( TypeOf( AP^ ) = TypeOf( BP^ ) );

end.
```

In diesem Programm hat AT keine VMT. Obwohl nach der Zuweisung AP:= BP
der Zeiger AP auf eine Instanz mit VMT-Feld zeigen würde, bricht der Compiler die Übersetzung dieses Programms beim Ausdruck TypeOf(AT) mit der
etwas irreführenden Meldung Error 147: Object type expected ab. Es kommt
bei der Verwendung von sizeof nur auf die Deklaration des Arguments, nicht
unbedingt auf seinen aktuellen Wert an.

8 Ein verbessertes Fenstersystem

In diesem Kapitel wird das Fenstersystem aus Kapitel 6 erweitert. Wir werden dabei von den mächtigen neuen Sprachmitteln wie z.B. virtuellen Methoden Gebrauch machen, um die Probleme des ursprünglichen Fenstersystems zu vermeiden.

8.1 Aufgabenstellung

Unser Ziel ist es, ein Gerüst für eine Bibliothek von Fensterfunktionen anzugeben, die der Nutzer nach seinen Wünschen erweitern kann. "Erweitern" wird hier in zweifacher Hinsicht verstanden: Einmal kann der Leser natürlich den Quelltext der Unit verändern und so die Funktionalität des Fenstersystems seinen Wünschen anpassen. Zum anderen aber soll es möglich sein, daß auch ein Nutzer, der keinen Zugriff auf den Quellcode hat, eigene Erweiterungen hinzufügen kann.

Eine weitere Forderung, die wir an die fertige Unit stellen, ist, daß der Nutzer einzelne Funktionen redefinieren kann, ohne die Unit neu übersetzen zu müssen. So soll es z.B. möglich sein, die Standard-Fehlerbehandlung durch eine im Anwenderprogramm definierte Fehlerbehandlung zu ersetzen.

Die Unit Window wird wieder eine Objekthierarchie mit den schon bekannten Fensterobjekten BaseWndT, Wnd1T und Wnd2T implementieren. Neu hinzugekommen ist das Objekt WndSystemT, das neben Routinen zur Verwaltung von mehreren Fenstern auch die Methode zur Fehlerbehandlung enthält.

Die Funktionalität der Unit entspricht bis hierhin der des in Kapitel 6 vorgestellten Fenstersystems. Im neuen Fenstersystem kann jedoch durch den Einsatz virtueller Methoden auf die Statusvariable und das damit zusammenhängende Objekt PreBaseWndT verzichtet werden. An neuen Funktionen bietet die Unit Window vor allem eine Routine zum Verschieben von Fenstern auf dem Bildschirm. Die Verschiebe-Methode steht stellvertretend für den allgemeinen Fall einer Arbeitsprozedur, die auf Fensterobjekten der Objekthierarchie arbeitet. Am Beispiel der Verschiebe-Methode wird gezeigt, wie solche Arbeitsprozeduren auch auf Fenstertypen arbeiten, die erst im Anwenderprogramm definiert werden.

8.2   Das Basisfensterobjekt BaseWndT

```
type BaseWndT                 = object( StackElmT )
      WXMin, WXMax,
      WYMin, WYMax            : integer;

      XCur, YCur             : integer; {-- Cursorposition im Fenster }

      Status                 : WndStatusT;
      SaveP                  : LongArrayPT; {-- gesicherter Bildschirmbereich }

      ColCount, LineCount   : integer;
      Amount                : integer;

      constructor Make( XMin, XMax, YMin, YMax : integer );
      destructor Kill; virtual;

      procedure   Allocate;      virtual;
      procedure   Activate;      virtual;
      procedure DeActivate;      virtual;
      procedure DeAllocate;      virtual;

      procedure Open;
      procedure Close;
      end; {-- BaseWndT }

      BaseWndPT               = ^BaseWndT;
```

Im Definitionsteil des Basisfensterobjekts BaseWndT sind die Methoden Open
und Close in die Methoden Allocate und Activate bzw. DeActivate und DeAllocate differenziert worden. Diese Trennung bringt Vorteile, wenn mehrere
parallele, d.h. sich nicht überdeckende Fenster geöffnet werden sollen.

Die vier Methoden Allocate, Activate, DeActivate und DeAllocate sind alle virtuell. Da von BaseWndT abgeleitete Objekte im allgemeinen zusätzliche Parameter benötigen, kann die Methode zur Übergabe der Parameter nicht virtuell sein, denn virtuelle Methoden müssen identische Parameterlisten aufwei-
sen. Die hier gewählte Lösung verwendet den Konstruktor Make zur Übergabe
der Parameter an das Objekt. Alle anderen Methoden benötigen keine Parameter mehr.

BaseWndT definiert zusätzlich noch Open- und Close-Methoden, die jedoch nur
Allocate und Activate bzw. DeActivate und DeAllocate aufrufen.

BaseWndT ist das Urfensterobjekt in der Hierarchie, von dem die anderen Fensterobjekte abgeleitet werden. Es dient außerdem als Basistyp zur Deklaration von Zeigern auf Instanzen von Fensterobjekten. Aufgrund der erweiterten Zuweisungskompatibilität in Objekthierarchien können Zeigern vom Typ
BaseWndPT auch Instanzen aller Nachfolger von BaseWndT zugewiesen werden.

Die einzelnen Methoden in BaseWndT haben folgende Aufgaben:

8.2.1 Make

Da virtuelle Methoden verwendet werden, ist ein Konstruktor erforderlich. Da ein Konstruktor selber nicht virtuell sein kann, eignet er sich zur Übergabe von Parametern an das Objekt. Die übergebenen Parameter werden auf Zulässigkeit geprüft und im Datenbereich des Objekts abgelegt.

8.2.2 Allocate

Aufgrund der im Datenbereich abgelegten gewünschten Fenstergröße berechnet Allocate die erforderliche Speichermenge, fordert den Speicher vom Heap an und legt den Bildschirminhalt unter dem zukünftigen Fenster dort ab.

8.2.3 Activate

Activate schließlich definiert mittels der Crt-Window Prozedur das Fenster. Das Fenster ist nun aktiv, Ausgaben mit Write bzw. Writeln sind auf den Bereich des Fensters beschränkt. Activate setzt den Cursor auf die Stelle, an der er beim Deaktivieren des Fensters stand, bzw. an den linken, oberen Rand, wenn das Fenster noch nicht aktiv war.

8.2.4 DeActivate

Die Methode deaktiviert ein Fenster, ohne den darunterliegenden Bildschirminhalt wiederherzustellen. Nun kann z.B. ein anderes Fenster aktiviert werden. DeActivate speichert die momentane Cursorposition im Datenbereich des Objekts. Bei einem späteren Aufruf von Activate kann so die ursprüngliche Cursorposition vor dem Deaktivieren wiederhergestellt werden.

8.2.5 DeAllocate

DeAllocate stellt den unter dem Fenster befindlichen Bildschirminhalt wieder her und gibt den zur Speicherung erforderlichen Speicher wieder frei.

8.2.6 Kill

Der Destruktor enthält keine für das Fenstersystem wesentlichen Anweisungen. Ein Destruktor erleichtert jedoch die korrekte Speicherverwaltung bei dynamischen Objekten.

Die Implementierung der Methoden ist in der Datei W100 zusammengefaßt.

```
constructor BaseWndT.Make( XMin, XMax, YMin, YMax : integer );

begin WndSystemP^.DoFirst;
Status:= NotInitialized;

{-- RangeCheck der Parameter --}
if ( XMin < 1 ) or ( XMax > ScrColumnsC ) or
   ( YMin < 1 ) or ( YMin > ScrLinesC ) then
   begin
   WndSystemP^.WndError( WndWrongParam );
   exit;
   end;

{-- Fenster muss mindestens 1x1 gross sein --}
if ( XMax - XMin < 2 ) or ( YMax - YMin < 2 ) then
   begin
   WndSystemP^.WndError( WndTooSmall );
   exit;
   end;

{-- Fensterkoordinaten speichern -- }
WXMin:= XMin; WXMax:= XMax;
WYMin:= YMin; WYMax:= YMax;

Status:= Made;
end; {-- Make }


procedure BaseWndT.Allocate;

var I, J                        : integer;

begin WndSystemP^.DoFirst;

{-- Statuspruefung --}
if not ( Status in [ Made, DeAllocated ] ) then
   begin
   WndSystemP^.WndError( WndWrongStat );
   exit;
   end;

{-- Feststellen des zu sichernden Bildschirmbereiches --}
ColCount:= 2*succ( WXMax-WXMin ); {-- bytes pro Zeile }
LineCount:= succ( WYMax-WYMin );  {-- Anzahl Zeilen }
Amount:= LineCount * ColCount;

{-- hier waere die Verwendung von Fail moeglich, diese Loesung ist
    aber besser, da ein spezifischer Fehlercode erzeugt wird }

if MaxAvail < Amount then
   begin
   WndSystemP^.WndError( WndNoMem );
   exit;
   end;

GetMem( SaveP, Amount );
```

```pascal
{-- Zeilenweise in SaveP^ ablegen --}
J:= 1;
for I:= WYMin to WYMax do
   begin
   move( ScreenP^[ I, WXMin ], SaveP^[ J ], ColCount );
   J:= J + ColCount;
   end;

XCur:= 1;
YCur:= 1;

Status:= Allocated;
end; {-- Allocate }


procedure BaseWndT.Activate;

begin WndSystemP^.DoFirst;

{-- Statuspruefung --}
if not ( Status in [ Allocated, DeActive ] ) then
   begin
   WndSystemP^.WndError( WndWrongStat );
   exit;
   end;

{-- Fenster oeffnen und Cursor auf letzte Position --}
crt.Window( WXMin, WYMin, WXMax, WYMax );
gotoXY( XCur, YCur );

Status:= Active;
end; {-- Activate }


procedure BaseWndT.DeActivate;

begin WndSystemP^.DoFirst;

{-- Statuspruefung --}
if Status <> Active then
   begin
   WndSystemP^.WndError( WndWrongStat );
   exit;
   end;

XCur:= WhereX; YCur:= WhereY;
crt.Window( 1, 1, ScrColumnsC, ScrLinesC );

Status:= DeActive;
end; {-- DeActivate }
```

```
procedure BaseWndT.DeAllocate;

var I, J                         : integer;

begin WndSystemP^.DoFirst;

{-- Statuspruefung --}
if not ( Status in [ Allocated, DeActive ] ) then
   begin
   WndSystemP^.WndError( WndWrongStat );
   exit;
   end;

{-- Zeilenweise aus SaveP^ holen --}
J:= 1;
for I:= WYMin to WYMax do
   begin
   move( SaveP^[ J ], ScreenP^[ I, WXMin ], ColCount );
   J:= J + ColCount;
   end;

FreeMem( SaveP, Amount );
Status:= DeAllocated;
end; {-- DeAllocate }


destructor BaseWndT.Kill;

begin WndSystemP^.DoFirst;

{-- Statuspruefung --}
if not ( Status in [ Made, DeAllocated ] ) then
   begin
   WndSystemP^.WndError( WndWrongStat );
   exit;
   end;

end; {-- Kill }


procedure BaseWndT.Open;
begin WndSystemP^.DoFirst;
Allocate;
Activate;
end; {-- Open }

procedure BaseWndT.Close;
begin WndSystemP^.DoFirst;
DeActivate;
DeAllocate;
end; {-- Close }
```

Im Vergleich mit der ursprünglichen Implementierung aus Kapitel 6 fällt vor
allem der Aufruf der Prozedur DoFirst als erste Anweisung einer jeden Methode auf. DoFirst ist im Objekt WndSystemT definiert. Die Aufgabe von DoFirst
werden wir später behandeln. Ebenfalls verändert wurde die Fehlerbehandlung. Diese wird nun von der Prozedur WndError durchgeführt, die ebenfalls

in WndSystemT definiert ist. Im Fehlerfalle wird die gerade aktive Methode grundsätzlich verlassen.

Die verschiedenen Methoden können nicht in jeder beliebigen Reihenfolge aufgerufen werden. Der Programmteil Statusprüfung in den Methoden stellt über die Variable status sicher, daß diese Reihenfolge eingehalten wird. Das Bild 8-1 zeigt die möglichen Abfolgen.

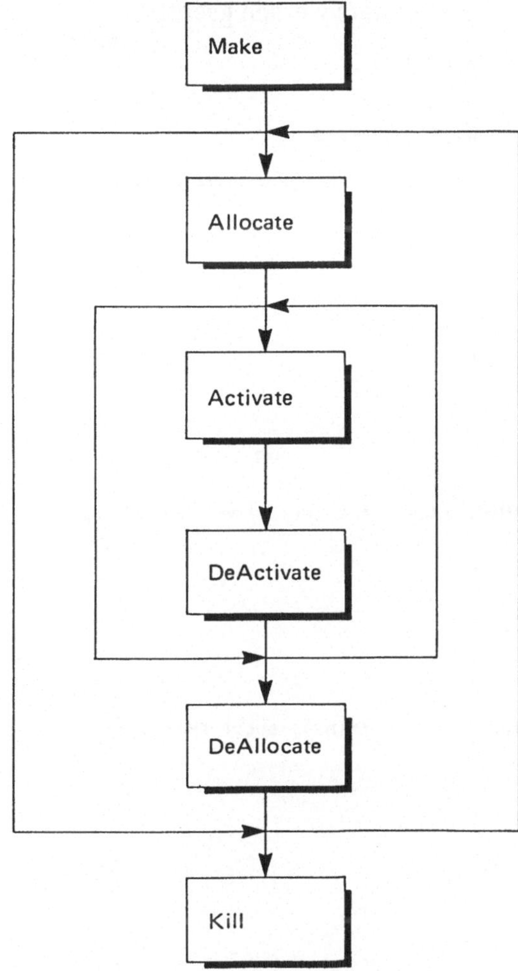

Bild 8-1 : Zulässige Aufrufreihenfolgen

8.3   Das Objekt Wnd1T

Ein Fenster vom Typ Wnd1T besitzt einen Rahmen, der je nach Status des Fensters unterschiedlich sein kann. Die zwei vorhandenen Rahmentypen werden verwendet, um ein aktives von einem nicht aktiven Fenster zu unterscheiden. Der Aufruf der zwei Rahmenprozeduren wird deshalb in Activate bzw. DeActivate durchgeführt. Activate und DeActivate müssen daher redefiniert werden, die restlichen Methoden des Basisfensters werden geerbt.

```
type Wnd1T                     = object( BaseWndT )

        WName                  : WNameT;
        FrameType              : ( Standard, Alternate );

        constructor Make( XMin, XMax, YMin, YMax : integer; Name : WNameT );
        procedure    Activate;      virtual;
        procedure DeActivate;       virtual;

        procedure SetStandard;
        procedure SetAlternate;

        end; {-- Wnd1T }

    Wnd1PT                     = ^Wnd1T;
```

Datei W101

```
constructor Wnd1T.Make( XMin, XMax, YMin, YMax : integer; Name : WNameT );
begin WndSystemP^.DoFirst;

if XMax > ScrColumnsC - 2 then
   begin
   WndSystemP^.WndError( WndWrongParam );
   exit;
   end;

BaseWndT.Make( pred( XMin ), succ( XMax ), pred( YMin ), succ( YMax ) );

{-- Namen speichern --}
WName:= Name;

FrameType:= Alternate;
end; {-- Make }

procedure Wnd1T.Activate;
begin WndSystemP^.DoFirst;
BaseWndT.Activate;
SetAlternate;
end; {-- Activate }
```

```pascal
procedure Wnd1T.DeActivate;
begin WndSystemP^.DoFirst;
SetStandard;
BaseWndT.DeActivate;
end;

procedure Wnd1T.SetStandard;

var I                       : integer;
    XSpan, YSpan            : integer;
    DspName                 : WNameT;

var SaveCurX, SaveCurY      : integer;

begin WndSystemP^.DoFirst;

{-- Cursor Sichern, am Ende der Prozedur wiederherstellen }
SaveCurX:= WhereX; SaveCurY:= WhereY;

crt.Window( WXMin, WYMin, succ( WXMax ), WYMax );

XSpan:= succ( WXMax - WXMin ); {-- Spaltenzahl }
YSpan:= succ( WYMax - WYMin ); {-- Zeilenzahl }

gotoXY( 1, 1 );
write( UpperLeft1C );
for I:= 2 to pred( XSpan ) do
   write( Horizontal1C );
write( UpperRight1C );

for I:= 2 to pred( YSpan ) do
   begin
   gotoXY( 1, I );
   write( Vertical1C );
   gotoXY( XSpan, I );
   write( Vertical1C );
   end;

gotoXY( 1, YSpan );
write( LowerLeft1C );
for I:= 2 to pred( XSpan ) do
   write( Horizontal1C );
write( LowerRight1C );

{-- Namen eintragen --}
DspName:= copy( WName, 1, XSpan-2 ); {-- Maximale Laenge ist XSpan-2 }
gotoXY( succ( trunc( succ( XSpan )/2 - length( DspName )/2 ) ), 1 );
write( DspName );

crt.Window( succ( WXMin ), succ( WYMin ), pred( WXMax ), pred( WYMax ) );
gotoXY( SaveCurX, SaveCurY );

end; {-- SetStandard }
```

```
procedure Wnd1T.SetAlternate;

var I                        : integer;
    XSpan, YSpan             : integer;
    DspName                  : WNameT;

var SaveCurX, SaveCurY       : integer;

begin WndSystemP^.DoFirst;

{-- Cursor Sichern, am Ende der Prozedur wiederherstellen }
SaveCurX:= WhereX; SaveCurY:= WhereY;

crt.Window( WXMin, WYMin, succ( WXMax ), WYMax );

XSpan:= succ( WXMax - WXMin ); {-- Spaltenzahl }
YSpan:= succ( WYMax - WYMin ); {-- Zeilenzahl }

gotoXY( 1, 1 );
write( UpperLeft2C );
for I:= 2 to pred( XSpan ) do
   write( Horizontal2C );
write( UpperRight2C );

for I:= 2 to pred( YSpan ) do
   begin
   gotoXY( 1, I );
   write( Vertical2C );
   gotoXY( XSpan, I );
   write( Vertical2C );
   end;

gotoXY( 1, YSpan );
write( LowerLeft2C );
for I:= 2 to pred( XSpan ) do
   write( Horizontal2C );
write( LowerRight2C );

{-- Namen eintragen --}
DspName:= copy( WName, 1, XSpan-2 ); {-- Maximale Laenge ist XSpan-2 }
gotoXY( succ( trunc( succ( XSpan )/2 - length( DspName )/2 ) ), 1 );
write( DspName );

crt.Window( succ( WXMin ), succ( WYMin ), pred( WXMax ), pred( WYMax ) );
gotoXY( SaveCurX, SaveCurY );

end; {-- SetAlternate }
```

Die Implementierung der Methoden Activate und DeActivate zeigt deutlich,
wie das neue Objekt Wnd1T auf die bereits im Basisfenster implementierte
Funktionalität aufbaut.

8.4   Das Objekt Wnd2T

Das Objekt Wnd2T implementiert die Exploding Windows aus Abschnitt 6.2
Das Öffnen eines Fensters geschieht hierbei nicht schlagartig, sondern - ausgehend von einem Ursprungspunkt - in einem kontinuierlichen Prozess.
Analog wird das Schließen zu diesem Punkt hin durchgeführt. Die dazu erforderlichen Verarbeitungsschritte sind in den Methoden Allocate und DeAllocate implementiert. Für bestimmte Anwendungen kann es günstiger sein, das
Öffnen und Schließen in gesonderte Methoden zu verlegen.

```
type Wnd2T                    = object( Wnd1T )

        WXStart, WYStart      : integer;

        constructor Make( XMin, XMax, YMin, YMax : integer; Name : WNameT;
                          XStart, YStart : integer );
        procedure Allocate;         virtual;
        procedure DeAllocate;       virtual;

        end; {-- Wnd2T }

    Wnd2PT                    = ^Wnd2T;
```

Datei W102

```
constructor Wnd2T.Make( XMin, XMax, YMin, YMax : integer; Name : WNameT;
                        XStart, YStart : integer );
begin WndSystemP^.DoFirst;

{-- RangeCheck Parameter --}
if ( XStart < 2 ) or ( YStart < 2 ) then
   begin
   WndSystemP^.WndError( WndWrongStart );
   exit;
   end;

WXStart:= XStart;
WYStart:= YStart;

Wnd1T.Make( XMin, XMax, YMin, YMax, Name );
end; {-- Make }
```

```
procedure Wnd2T.Allocate;

var XMinDelta, XMaxDelta,
    YMinDelta, YMaxDelta,
    TempXMin, TempXMax,
    TempYMin, TempYMax         : integer;

var Done                       : boolean;
    D                          : integer;

var TempW                      : Wnd1T;

begin WndSystemP^.DoFirst;

XMinDelta:= Sign( succ( WXMin ) - WXStart );
XMaxDelta:= Sign( pred( WXMax ) - WXStart );
YMinDelta:= Sign( succ( WYMin ) - WYStart );
YMaxDelta:= Sign( pred( WYMax ) - WYStart );

TempXMin:= WXStart + XMinDelta;
TempXMax:= WXStart + XMaxDelta;
TempYMin:= WYStart + YMinDelta;
TempYMax:= WYStart + YMaxDelta;

TempW.Make( TempXMin, TempXMax, TempYMin, TempYMax, WName );
TempW.Open;
Done:= false;
D:= 20;

while not Done do
   begin
   Done:= true;

   Delay( D );
   D:= 0;
   TempW.Close;
   TempW.Kill;

   {-- Neue Koordinaten berechnen --}

   if TempXMin <> succ( WXMin ) then
      begin
      inc( TempXMin, XMinDelta );
      inc( D, 5 );
      Done:= false;
      end;

   if TempXMax <> pred( WXMax ) then
      begin
      inc( TempXMax, XMaxDelta );
      inc( D, 5 );
      Done:= false;
      end;
```

```
  if TempYMin <> succ( WYMin ) then
     begin
     inc( TempYMin, YMinDelta );
     inc( D, 5 );
     Done:= false;
     end;

  if TempYMax <> pred( WYMax ) then
     begin
     inc( TempYMax, YMaxDelta );
     inc( D, 5 );
     Done:= false;
     end;

  TempW.Make( TempXMin, TempXMax, TempYMin, TempYMax, WName );
  TempW.Open;
  end; {-- while not Done }

{-- Temporaeres Fenster befindet sich jetzt an der Stelle
    des aktuellen Fensters. Temp loeschen und aktuelles Fenster oeffnen }

TempW.Close;
TempW.Kill;
Wnd1T.Allocate;

end; {-- Allocate }


procedure Wnd2T.DeAllocate;

var XMinDelta, XMaxDelta,
    YMinDelta, YMaxDelta,
    TempXMin, TempXMax,
    TempYMin, TempYMax        : integer;

var Done                      : boolean;
    D                         : integer;

var TempW                     : Wnd1T;

begin WndSystemP^.DoFirst;

XMinDelta:= Sign( WXStart - WXMin );
XMaxDelta:= Sign( WXStart - WXMax );
YMinDelta:= Sign( WYStart - WYMin );
YMaxDelta:= Sign( WYStart - WYMax );

TempXMin:= WXMin;
TempXMax:= WXMax;
TempYMin:= WYMin;
TempYMax:= WYMax;

Wnd1T.DeAllocate;
Done:= false;
```

```
while not Done do
   begin
   Done:= true;
   D:= 0;

   if ( TempXMax = TempXMin ) and ( TempYMax = TempYMin ) then
      begin {-- Verschieben --}

      D:= 20;
      if TempXMin <> WXStart then
         begin
         inc( TempXMin, XMinDelta );
         inc( TempXMax, XMaxDelta );
         Done:= false;
         end;

      if TempYMax <> WYstart then
         begin
         inc( TempYMin, YMinDelta );
         inc( TempYMax, YMaxDelta );
         Done:= false;
         end;

      end   {-- Verschieben }
   else
      begin {-- Verkleinern }

      if ( XMinDelta > 0 ) and ( TempXMin <> WXStart ) then
         begin
         if TempXMax - TempXMin > 0 then
            inc( TempXMin, XMinDelta );
         inc( D, 5 );
         Done:= false;
         end;

      if ( XMaxDelta < 0 ) and ( TempXMax <> WXStart ) then
         begin
         if TempXMax - TempXMin > 0 then
            inc( TempXMax, XMaxDelta );
         inc( D, 5 );
         Done:= false;
         end;

      if ( YMinDelta > 0 ) and ( TempYMin <> WYStart ) then
         begin
         if TempYMax - TempYMin > 0 then
            inc( TempYMin, YMinDelta );
         inc( D, 5 );
         Done:= false;
         end;

      if ( YMaxDelta < 0 ) and ( TempYMax <> WYStart ) then
         begin
         if TempYMax - TempYMin > 0 then
            inc( TempYMax, YMaxDelta );
         inc( D, 5 );
         Done:= false;
         end;
      end;
```

```
   TempW.Make( TempXMin, TempXMax, TempYMin, TempYMax, WName );
   TempW.Open;
   Delay( D );
   TempW.Close;
   TempW.Kill;
   end; {-- while }

end; {-- DeAllocate }
```

8.5 Das Objekt WndSystemT

In WndSystemT sind diejenigen Verarbeitungsschritte zusammengefaßt, die für
das gesamte Fenstersystem erforderlich sind. Neben Prozeduren zum Verwalten mehrerer übereinanderliegender Fenster ist die Fehlerbehandlung nun
in WndSystemT untergebracht.

```
type WndSystemT            = object( StackT )

        {-- ActiveWP zeigt auf das aktuelle Fenster oder ist nil --}
        ActiveWP           : BaseWndPT;

        {-- WndOK wird von WndSystemT.WndError besetzt und sollte nach
            jeder Operation mit dem Fenstersystem abgefragt werden.
            Das Zuruecksetzen auf true ist Aufgabe des Nutzerprogramms --}

        WndOK              : boolean;

        constructor Make;

        procedure OpenWnd( NewWndP : BaseWndPT );
        function CloseWnd : boolean;

        procedure RePositionWnd( DeltaX, DeltaY : integer );

        procedure DoFirst; virtual;
        procedure WndError( ErrorCode : byte ); virtual;

        end; {-- WndSystemT }

    WndSystemPT            = ^WndSystemT;

{-- Von WndSystemPT wird sofort eine Variable deklariert }
var WndSystemP            : WndSystemPT;
```

8.5.1 Die Fehlerbehandlung

Tritt während der Ausführung einer Methode des Fenstersystems ein Fehler
auf, wird die Fehlerbehandlungsmethode WndSystemT.WndError mit einem entsprechenden Parameter aufgerufen. Die Fehlerbehandlungsroutine ist im Gegensatz zur ersten Version des Fenstersystems als virtuelle Methode eines

Objekts definiert. Dadurch wird erreicht, daß der Nutzer der Unit durch Redefinieren der Methode WndError in seinem Anwendungsprogramm auf einfache Weise eine eigene Fehlerbehandlung implementieren kann. Da WndError
virtuell ist, rufen dann auch die Methoden der Objekte BaseWndT und Wnd1T die
neue Fehlerroutine auf. An der Unit Window selber braucht nichts verändert zu
werden. Diese neue Art der Fehlerbehandlung erfordert jedoch, daß in jedem
Programm, das Fenster benötigt, eine Instanz von WndSystemT vorhanden und
richtig initialisiert ist. Wir werden das Thema Fehlerbehandlung in Abschnitt
8.8 erneut aufgreifen.

8.5.2 Die Methode DoFirst

WndSystemT definiert die Methode DoFirst, die in (fast) jeder Methode des Fenstersystems als erste Anweisung aufgerufen wird. DoFirst selber enthält jedoch keine ausführbaren Anweisungen, so daß durch einen Aufruf von Do-
First nichts bewirkt wird. Der Nutzer kann jedoch DoFirst redefinieren. Da
die Methode virtuell deklariert ist, bewirkt eine Redefinition, daß alle Fen-
sterroutinen vor ihrer eigentlichen Arbeit die neudefinierte Nutzerprozedur
aufrufen. Ein solches "Hook" wird von Programmierern gern verwendet, um
z.B. in der Entwicklungsphase vor der Ausführung der eigentlichen Methode
die Datenbereiche der Objekte zu überprüfen bzw. gezielt zu verändern. Eine
andere Anwendungsmöglichkeit besteht darin, die Methoden schrittweise
ausführen zu lassen. DoFirst wird dazu so programmiert, daß die Programmausführung bis zu einem Tastendruck unterbrochen wird - dies ist eine wertvolle Entwicklungshilfe, wenn der Quellcode der Unit nicht zur Verfügung
steht bzw. das Programm für das Arbeiten mit dem Turbo-Pascal-Debugger
zu groß ist. Wir werden die Methode DoFirst verwenden, um die Fehlerbehandlung des Fenstersystems um eine weitere Prüfung zu erweitern.

8.5.3 Die Methode RePositionWnd

Mit der Methode RePositionWnd können Fenster auf dem Bildschirm verschoben werden. Inhalt und Cursorposition bleiben dabei unverändert. RePositionWnd verschiebt immer das aktive Fenster. Zum Verschieben werden keine
speziellen Methoden der Fensterobjekte verwendet, sondern es reichen die
vorhandenen Methoden Allocate, Activate, DeActivate und DeAllocate aus.
Werden in einem Anwenderprogramm abgeleitete Fensterobjekte definiert,
können auch diese mit RePositionWnd verschoben werden, ohne daß eine spezielle Verschiebeprozedur geschrieben werden müßte.

8.5.4 Quellcode des Objekts WndSystemT

Das folgende Listing zeigt den Quellcode der Definition und Implementierung des Objekts WndSystemT.

```
constructor WndSystemT.Make;
begin
StackT.Make;
ActiveWP:= nil;
WndOK:= true;

ScreenP:= ptr( GetScreenBase, 0 );
end; {-- Make }

procedure WndSystemT.OpenWnd( NewWndP : BaseWndPT );

begin DoFirst;

if ActiveWP <> nil then
   begin
   ActiveWP^.DeActivate;
   if not Push( ActiveWP ) then
      begin
      WndError( WndStackFull );
      exit;
      end;
   end;

ActiveWP:= NewWndP;
ActiveWP^.Open;
end; {-- OpenWnd }


function WndSystemT.CloseWnd : boolean;

var WorkWP                 : BaseWndPT;

begin DoFirst;

if ActiveWP = nil then
   begin
   CloseWnd:= false;
   exit;
   end;

ActiveWP^.Close;
dispose( ActiveWP, Kill );

ActiveWP:= BaseWndPT( Pop );
if ActiveWP <> nil then
   ActiveWP^.Activate;

CloseWnd:= true;
end; {-- CloseWnd }
```

```
procedure WndSystemT.RePositionWnd( DeltaX, DeltaY : integer );

var SwapW                      : BaseWndT;
    SaveXCur, SaveYCur         : integer;

begin DoFirst;

if ActiveWP = nil then exit; {-- kein Fenster offen }

{-- Altes Fenster deaktivieren, um Cursorposition zu speichern --}
ActiveWP^.DeActivate;

{-- Temporaeres Fenster zum Zwischenspeichern des aktuellen
    Fensters erzeugen --}

with ActiveWP^ do
   SwapW.Make( WXMin, WXMax, WYMin, WYMax );

{-- Aktuellen Fensterbereich sichern }
SwapW.Open;

{-- Auf dem Heap befindet sich jetzt eine Kopie des aktuellen Fensterinhalts }
{-- Aktuelles Fenster schliessen und an neuen Koordinaten oeffnen --}

with ActiveWP^ do
   begin
   DeAllocate;
   inc( WXMin, DeltaX );
   inc( WXMax, DeltaX );
   inc( WYMin, DeltaY );
   inc( WYMax, DeltaY );
   SaveXCur:= XCur; SaveYCur:= YCur;
   Allocate;
   XCur:= SaveXCur; YCur:= SaveYCur;
   end;

{-- nun den gesicherten Bildschirminhalt auf die neuen Koordinaten kopieren }

with SwapW do
   begin
   inc( WXMin, DeltaX );
   inc( WXMax, DeltaX );
   inc( WYMin, DeltaY );
   inc( WYMax, DeltaY );
   Close;
   end;
SwapW.Kill;

ActiveWP^.Activate;
end; {-- RePositionWnd }

procedure WndSystemT.DoFirst;
begin
end; {-- DoFirst }
```

```
procedure WndSystemT.WndError( ErrorCode : byte );
begin

{-- Standardmaessig wird eine Fehlermeldung ausgegeben und WndOK auf false
    gesetzt --}

case ErrorCode of

WndWrongParam             : writeln( WndWrongParamC );
WndTooSmall               : writeln( WndTooSmallC );
WndNoMem                  : writeln( WndNoMemC );
WndWrongStat              : writeln( WndWrongStatC );
WndWrongStart             : writeln( WndWrongStartC );
WndWrongScroll            : writeln( WndWrongScrollC );

WndStackEmpty             : writeln( WndStackEmptyC );
WndStackFull              : writeln( WndStackFullC );

end; {-- case }

WndOK:= false;

end; {-- WndError  }
```

Die Methode OpenWnd öffnet nicht mehr selber ein Fenster, sondern erhält als
Parameter einen Zeiger auf eine Instanz eines Fensters. Damit andere Methoden des Objekts WndSystemT das aktuelle Fenster bearbeiten können, wird
der Zeiger ActiveWP auf die übergebene Instanz gesetzt. Ein evtl. vorher aktives Fenster wird deaktiviert und mit Push im Kellerspeicher abgelegt. Umgekehrt schließt CloseWnd das aktuelle Fenster, holt mit Pop das nächste Fenster
aus dem Kellerspeicher (Falls vorhanden) und aktiviert dieses.

Die Verschiebung eines Fensters läuft in drei Schritten ab. Zuerst wird der
aktuelle Bildschirminhalt im Fenster in einem Zwischenspeicher gesichert.
Diese Aufgabe übernimmt das Fenster SwapW, das zu diesem Zweck genau
über dem aktuellen Fenster definiert wird. Im zweiten Schritt wird das aktuelle Fenster geschlossen und an den neuen Koordinaten geöffnet. Zuletzt
wird noch der gesicherte Fensterinhalt aus SwapW an die neue Stelle kopiert.
Da es nicht erforderlich ist, SwapW dynamisch zu erzeugen, wird die Instanz
als gewöhnliche Variable auf dem Stack definiert.

Die Methode WndError ist die Fehlerbehandlungsroutine des Fenstersystems.
Standardmäßig wird im Fehlerfalle eine entsprechende Meldung ausgegeben
und die Variable WndOK auf false gesetzt. Der Programmierer kann WndOK im
Anwenderprogramm abfragen, um z.B. falsche Parameter zu korrigieren.
Die Fehlerkonstanten werden exportiert, um auch in einer redefinierten Fehlerbehandlungsroutine die vordefinierten Meldungen zur Verfügung zu haben.

8.6   Die vollständige Unit Window

Die Objekt:DefinitionDefinitionsteile der Objekte werden wieder im
Interfaceteil und die Objekt:ImplementierungImplementierungen im
Implementierungsteil der Unit `window` untergebracht. Der für einen Anwender
wichtige Teil des Quellcodes der Unit ist in der Datei Window
zusammengefaßt.

```
unit window;

interface

uses crt, general, VStackU;

{$I W101.dcl   } {-- Im InterfaceTeil gebrauchte Deklarationen }

{-- Fehlerbehandlung --}

const WndWrongParam         = 1;
      WndTooSmall           = 2;
      WndNoMem              = 3;
      WndWrongStat          = 4;
      WndWrongStart         = 5;
      WndWrongScroll        = 6;

      WndStackEmpty         = 7;
      WndStackFull          = 8;


const WndWrongParamC        : string[ 17 ] = 'Falsche Parameter';
      WndTooSmallC          : string[ 16 ] = 'Fenster zu klein';
      WndNoMemC             : string[ 18 ] = 'Kein Speicher mehr';
      WndWrongStatC         : string[ 15 ] = 'Falscher Status';
      WndWrongStartC        : string[ 18 ] = 'Falsche Startwerte';
      WndWrongScrollC       : string[ 18 ] = 'Falsche Scrollbars';

      WndStackEmptyC        : string[ 26 ] = 'Keine offenen Fenster mehr';
      WndStackFullC         : string[ 25 ] = 'Kein Platz mehr auf Stack';
```

```
{----------- BaseWndT ---------------------------------------------}

type BaseWndT              = object( StackElmT )
        WXMin, WXMax,
        WYMin, WYMax       : integer;

        XCur, YCur         : integer; {-- Cursorposition im Fenster }

        Status             : WndStatusT;
        SaveP              : LongArrayPT; {-- gesicherter Bildschirmbereich }

        ColCount, LineCount : integer;
        Amount              : integer;

        constructor Make( XMin, XMax, YMin, YMax : integer );
        destructor Kill; virtual;

        procedure   Allocate;     virtual;
        procedure   Activate;     virtual;
        procedure DeActivate;     virtual;
        procedure DeAllocate;     virtual;

        procedure Open;
        procedure Close;

        end; {-- BaseWndT }

    BaseWndPT              = ^BaseWndT;

{----------- Wnd1T     ---------------------------------------------}

type Wnd1T                = object( BaseWndT )

        WName             : WNameT;
        FrameType         : ( Standard, Alternate );

        constructor Make( XMin, XMax, YMin, YMax : integer; Name : WNameT );
        procedure   Activate;     virtual;
        procedure DeActivate;     virtual;

        procedure SetStandard;
        procedure SetAlternate;

        end; {-- Wnd1T }

    Wnd1PT                = ^Wnd1T;
```

```pascal
{----------- Wnd2T    ---------------------------------------------------}

type Wnd2T                    = object( Wnd1T )

        WXStart, WYStart      : integer;

        constructor Make( XMin, XMax, YMin, YMax : integer; Name : WNameT;
                          XStart, YStart : integer );
        procedure Allocate;        virtual;
        procedure DeAllocate;      virtual;

        end; {-- Wnd2T }

     Wnd2PT                   = ^Wnd2T;


{----------- WndSystemT -------------------------------------------------}

type WndSystemT               = object( StackT )

        {-- ActiveWP zeigt auf das aktuelle Fenster oder ist nil --}
        ActiveWP              : BaseWndPT;

        {-- WndOK wird von WndSystemT.WndError besetzt und sollte nach
            jeder Operation mit dem Fenstersystem abgefragt werden.
            Das Zuruecksetzen auf true ist Aufgabe des Nutzerprogramms --}

        WndOK                 : boolean;

        constructor Make;

        procedure OpenWnd( NewWndP : BaseWndPT );
        function CloseWnd : boolean;

        procedure RePositionWnd( DeltaX, DeltaY : integer );

        procedure DoFirst; virtual;
        procedure WndError( ErrorCode : byte ); virtual;

        end; {-- WndStackT }

     WndSystemPT              = ^WndSystemT;

var WndSystemP                : WndSystemPT;

implementation

{$I W111.dcl    } {-- ScreenT }
{$I W112.dcl    } {-- Konstanten fuer Rahmen }

{$I W100        } {-- Methoden BaseWndT }
{$I W101        } {-- Methoden Wnd1T    }
{$I W102        } {-- Methoden Wnd2T    }

{$I W110        } {-- Methoden WndStackT }

end.
```

Beachten Sie bitte, daß zur Deklaration der Variablen status, SaveP etc. in den Datenbereichen der Objekte Typvereinbarungen erforderlich sind, die dem Anwender eigentlich nicht zugänglich sein sollten. Die Syntax von Turbo-Pascal läßt eine Trennung von globalen und lokalen Deklarationen im Datenbereich von Objekten jedoch nicht zu. Die Typvereinbarungen müssen daher im Interfaceteil der Unit angeordnet werden und sind deshalb für den Nutzer zugreifbar. Solche Deklarationen sind in die Includedatei W101.dcl ausgelagert worden, um sie zumindest etwas zu verstecken.

Die Dateien W100, W101, W102 und W110 enthalten die Implementierungen der Objekte. Der Quelltext ist in den Abschnitten 8.2.1 bis 8.2.6 angegeben und wird deshalb nicht erneut abgedruckt. Die Dateien W111.dcl und W112.dcl haben sich gegenüber dem ursprünglichen Fenstersystem aus Kapitel 6 nicht verändert. Sie werden der Vollständigkeit halber hier noch einmal angegeben.

Datei W111.dcl

```
{-- Interpretation eines Hauptspeicherbereiches als Bildschirmspeicher }

const ScrColumnsC            = 80; {-- Spalten pro Zeile }
      ScrLinesC              = 25; {-- Bildschirmzeilen }

type ScrCharT                = record
         Ch                  : char; {-- Das eigentliche Zeichen }
         Attr                : byte; {-- Attribut des Zeichens }
         end; {-- ScrCharT }

type ScrLineT                = array[ 1..ScrColumnsC ] of ScrCharT;

type ScreenPT                = ^ScreenT;
     ScreenT                 = array[ 1..ScrLinesC ] of ScrLineT;

{-- ScreenP zeigt auf Hardwarebildschirm. Wird im Initialisierungsteil
    von Window initialisiert --}

var ScreenP                  : ScreenPT;
```

Datei W112.dcl

```
{-- Konstanten fuer Rahmen und Scrollbars etc --}

{-- Einfacher Rahmen --}

const UpperLeft1C              = #218;
      LowerLeft1C              = #192;
      UpperRight1C             = #191;
      LowerRight1C             = #217;

      Vertical1C               = #179;
      Horizontal1C             = #196;

{-- Doppelter Rahmen --}

const UpperLeft2C              = #201;
      LowerLeft2C              = #200;
      UpperRight2C             = #187;
      LowerRight2C             = #188;

      Vertical2C               = #186;
      Horizontal2C             = #205;
```

8.7   Eine erste Anwendung

Als erstes Beispiel sollen zunächst zwei voneinander unabhängige Fenster
auf dem Bildschirm geöffnet werden, die abwechselnd als aktives
Ausgabefenster definiert werden können. Zur Umschaltung zwischen den
Fenstern sollen die Ziffern 1 bzw. 2 dienen.

```
uses crt, Window;

var WP1, WP2 : BaseWndPT;
    I  : integer;
    C  : char;
    ActiveWnd : integer;

begin
ClrScr;

new( WndSystemP, Make );

WP1:= new( Wnd1PT, Make( 10, 20, 5, 10, 'Fenster 1' ) );
WP2:= new( Wnd1PT, Make( 30, 40, 5, 10, 'Fenster 2' ) );
```

```
with WP2^ do
   begin
   Open;
   DeActivate;
   end;


WP1^.Open;
ActiveWnd:= 1;


   repeat;
   C:= ReadKey;

   case C of

   '1' : if ActiveWnd = 2 then
            begin
            WP2^.DeActivate;
            WP1^.Activate;
            ActiveWnd:= 1;
            end;
   '2' : if ActiveWnd = 1 then
            begin
            WP1^.DeActivate;
            WP2^.Activate;
            ActiveWnd:= 2;
            end;

   else write( C );

   end; {-- case }

until C = 'X';

if ActiveWnd = 1 then
   begin
   WP1^.Close;
   WP2^.DeAllocate;
   end
else
   begin
   WP1^.DeAllocate;
   WP2^.Close;
   end;

dispose( WP1, Kill );
dispose( WP2, Kill );

dispose( WndSystemP, Kill );

end.
```

In diesem Programm werden zwei Instanzen des Objekts wnd1T erzeugt. Die
Zeiger wp1 und wp2 zeigen auf diese Instanzen. Beachten Sie bitte, daß wp1 und

WP2 zwar vom Typ BaseWndT sind, aber Instanzen von Wnd1T aufnehmen. WP2 wird nach dem Öffnen zunächst wieder deaktiviert, während WP1 aktiv bleibt. Dadurch wird WP1 zum aktuellen Ausgabefenster. Eingegebene Zeichen (außer den Ziffern 1 und 2) werden in dieses Fenster geschrieben. Gibt man die Ziffer 2 ein, wird WP1 durch den Aufruf von DeActivate deaktiviert, das Fenster bleibt jedoch auf dem Bildschirm sichtbar. WP2 ist nun das aktuelle Ausgabefenster. Da DeActivate die augenblickliche Cursorposition vor dem Verlassen von Fenster 1 abgespeichert hat, kann beim Zurückschalten auf Fenster 1 mit der Methode Activate der Cursor wieder an die richtige Stelle positioniert werden.

Beachten Sie, daß die beiden Fenster keine Verbindung zueinander haben. In den meisten der bekannten Fenstersysteme wird beim Öffnen eines neuen Fensters die Zeigerposition gespeichert, um den Zeiger nach dem Schließen des Fensters wieder an diese Stelle positionieren zu können. Dadurch wird es unmöglich, ein anderes als das gerade aktuelle Fenster zu manipulieren. So ist es z.B. im allgemeinen nicht möglich, Fenster in beliebiger Reihenfolge zu schließen. Vielmehr müssen die Fenster in der umgekehrten Reihenfolge des Öffnens wieder geschlossen werden.

In dem hier vorgestellten Fenstersystem bestehen solche Beschränkungen nicht. Auch wenn WP2 nach WP1 geöffnet wurde, kann WP1 geschlossen werden, während WP2 noch aktiv ist. Außerdem können z.B. beide Fenster deaktiviert werden, aber auf dem Bildschirm sichtbar bleiben. Fehlermeldungen können so in einen Bildschirmbereich außerhalb der Fenster plaziert werden. Im folgenden Beispiel bewirken die Ziffern 3 bzw. 4 das Schließen bzw. Öffnen des Fensters 1, unabhängig davon, wieviele andere Fenster noch vorhanden sind.

```
uses crt, Window;

var WP1, WP2 : BaseWndPT;
    I  : integer;
    C  : char;
    ActiveWnd : integer;

begin
ClrScr;

new( WndSystemP, Make );

WP1:= new( Wnd1PT, Make( 10, 20, 5, 10, 'Fenster 1' ) );
WP2:= new( Wnd1PT, Make( 30, 40, 5, 10, 'Fenster 2' ) );

with WP2^ do
   begin
   Open;
   DeActivate;
   end;
```

```pascal
WP1^.Open;
ActiveWnd:= 1;

   repeat;
   C:= ReadKey;

   case C of

   '1' : if ActiveWnd = 2 then
            begin
            WP2^.DeActivate;
            WP1^.Activate;
            ActiveWnd:= 1;
            end;
   '2' : if ActiveWnd = 1 then
            begin
            WP1^.DeActivate;
            WP2^.Activate;
            ActiveWnd:= 2;
            end;

   '3' : WP1^.DeAllocate;

   '4' : begin
         WP2^.DeActivate;
         WP1^.Open;
         ActiveWnd:= 1;
         end;

   else write( C );

   end; {-- case }

until C = 'X';

if ActiveWnd = 1 then
   begin
   WP1^.Close;
   WP2^.DeAllocate;
   end
else
   begin
   WP1^.DeAllocate;
   WP2^.Close;
   end;

dispose( WP1, Kill );
dispose( WP2, Kill );

dispose( WndSystemP, Kill );

end.
```

Das Programm kann leicht zu einem Fehler führen, z.B. dann, wenn WP1
aktiv ist und dann versucht wird, durch Eingabe der Ziffer 3 das Fenster 1 zu
schließen. Die Fehlermeldung Falscher Status wird auf dem Bildschirm aus-

gegeben, das Programm läuft jedoch weiter. Der Fehler könnte leicht durch entsprechende Programmierung vermieden werden, hier ist er jedoch beabsichtigt.

8.8 Erweiterte Fehlerprüfung

In den beiden vorigen Beispielen ist die Erzeugung einer Instanz des Objekts WndSystem erforderlich, obwohl vom Anwenderprogramm keine Methode dieses Objekts verwendet wird. In der Unit Window selber werden jedoch die Methoden WndError und DoIt aufgerufen. Eine der Aufgaben von WndSystemT ist es, dem Nutzer die Redefinition dieser beiden Methoden zu ermöglichen. Die Instanzierung von WndSystemT kann deshalb nicht in Window selber geschehen (z.B. im Initialisierungsteil), sondern muß vom Anwenderprogramm durchgeführt werden.

Wir wollen die vordefinierte Fehlerbehandlung so abändern, daß vor Aufruf jeder Routine geprüft wird, ob WndOK den Wert TRUE hat. Da WndOK durch die Routinen der Unit nach einem Fehler auf FALSE gesetzt wird, kann so erreicht werden, daß Routinen des Fenstersystems erst dann wieder aufgerufen werden können, wenn der Fehler vom Nutzer behandelt und WndOK wieder auf TRUE gesetzt wurde. Die Methode DoFirst wird von jeder Fensterroutine als erste Anweisung aufgerufen und eignet sich deshalb zur Implementierung der Abfrage.

Um die neue Funktionalität zu implementieren, muß DoFirst redefiniert werden. Dazu ist eine Ableitung von WndSystemT erforderlich. Im folgenden Programm ist MyWndSystem dieses abgeleitete Objekt.

```
uses crt, Window;


type MyWndSystemT           = object( WndSystemT )
        procedure DoFirst; virtual;
        end; {-- MyWndSystemT }
     MyWndSystemPT          = ^MyWndSystemT;

procedure MyWndSystemT.DoFirst;
begin
WndSystemT.DoFirst;

if not WndOK then
   begin
   writeln( 'WndOK ist false - Programm abgebrochen' );
   halt( 1 );
   end;
end; {-- DoFirst }
```

```
var WP1, WP2 : BaseWndPT;
    I  : integer;
    C  : char;
    ActiveWnd : integer;

begin
ClrScr;

WndSystemP:= new( MyWndSystemPT, Make );

WP1:= new( Wnd1PT, Make( 10, 20, 5, 10, 'Fenster 1' ) );
WP2:= new( Wnd1PT, Make( 30, 40, 5, 10, 'Fenster 2' ) );

with WP2^ do
   begin
   Open;
   DeActivate;
   end;


WP1^.Open;
ActiveWnd:= 1;


   repeat;
   C:= ReadKey;

   case C of

   '1' : if ActiveWnd = 2 then
            begin
            WP2^.DeActivate;
            WP1^.Activate;
            ActiveWnd:= 1;
            end;
   '2' : if ActiveWnd = 1 then
            begin
            WP1^.DeActivate;
            WP2^.Activate;
            ActiveWnd:= 2;
            end;

   '3' : WP1^.DeAllocate;

   '4' : begin
         WP2^.DeActivate;
         WP1^.Open;
         ActiveWnd:= 1;
         end;

   else write( C );

   end; {-- case }

until C = 'X';
```

```
if ActiveWnd = 1 then
   begin
   WP1^.Close;
   WP2^.DeAllocate;
   end
else
   begin
   WP1^.DeAllocate;
   WP2^.Close;
   end;

dispose( WP1, Kill );
dispose( WP2, Kill );

dispose( WndSystemP, Kill );

end.
```

Nun bricht das Programm nach Ausgabe einer Fehlermeldung beim nächsten Aufruf einer Fensterprozedur mit dem Text WndOK ist false - Programm abgebrochen ab. Die im Anwenderprogramm definierte Methode DoFirst wird von allen Routinen des Fenstersystems aufgerufen. Es ist guter Stil, im neuen DoFirst zuerst das geerbte DoFirst aufzurufen, selbst wenn bekannt ist, daß dort keine Anweisungen ausgeführt werden. Der Entwickler des Fenstersystems könnte in einer späteren Version in WndSystemT.DoFirst Code unterbringen.

Beachten Sie bitte, daß zur Erzeugung einer Instanz von MyWndSystem nicht mehr New(WndSystemP, Make) geschrieben werden kann, denn durch diese Anweisung würde weiterhin eine Instanz von WndSystemT erzeugt. Andererseits kann zwar eine Variable vom Typ MyWndSystemPT deklariert werden, aber die Routinen in Window verwenden die Variable WndSystemP. Die neue Syntax von New löst dieses Problem: Sie gestattet die Erzeugung einer Instanz vom Typ MyWndSystemT, auch wenn die aufnehmende Zeigervariable einen anderen Basistyp hat.

8.9   Eine eigene Fehlerroutine

Falls nicht beabsichtigt ist, die Variable WndOK nach jedem Aufruf einer Fensterprozedur abzufragen, sollte das Programm bereits beim Auftreten eines Fehlers und nicht erst beim nächsten Aufruf einer Fensterprozedur abgebrochen werden. Dazu wird die Fehlerbehandlungsroutine WndError redefiniert. Analog zur Redefinition von DoFirst im letzten Abschnitt ruft das neue WndError zuerst die geerbte Methode auf, bevor zusätzliche Schritte ausgeführt werden. In unserem Fall reicht es aus, als zusätzlichen Verarbeitungsschritt eine Halt-Anweisung einzufügen.

```pascal
uses crt, Window;


type MyWndSystemT              = object( WndSystemT )
        procedure WndError( ErrorCode : byte ); virtual;
        end; {-- MyWndSystemT }
     MyWndSystemPT             = ^MyWndSystemT;

procedure MyWndSystemT.WndError( ErrorCode : byte );
begin
WndSystemT.WndError( ErrorCode );
halt( 1 );
end; {-- WndError }


var WP1, WP2 : BaseWndPT;
    I  : integer;
    C  : char;
    ActiveWnd : integer;

begin
ClrScr;

WndSystemP:= new( MyWndSystemPT, Make );

WP1:= new( Wnd1PT, Make( 10, 20, 5, 10, 'Fenster 1' ) );
WP2:= new( Wnd1PT, Make( 30, 40, 5, 10, 'Fenster 2' ) );

with WP2^ do
   begin
   Open;
   DeActivate;
   end;

WP1^.Open;
ActiveWnd:= 1;

   repeat;
   C:= ReadKey;

   case C of

   '1' : if ActiveWnd = 2 then
           begin
           WP2^.DeActivate;
           WP1^.Activate;
           ActiveWnd:= 1;
           end;
   '2' : if ActiveWnd = 1 then
           begin
           WP1^.DeActivate;
           WP2^.Activate;
           ActiveWnd:= 2;
           end;

   '3' : WP1^.DeAllocate;
```

```
'4' : begin
      WP2^.DeActivate;
      WP1^.Open;
      ActiveWnd:= 1;
      end;

  else write( C );

  end; {-- case }

until C = 'X';

if ActiveWnd = 1 then
   begin
   WP1^.Close;
   WP2^.DeAllocate;
   end
else
   begin
   WP1^.DeAllocate;
   WP2^.Close;
   end;

dispose( WP1, Kill );
dispose( WP2, Kill );

dispose( WndSystemP, Kill );

end.
```

Die zusätzliche Funktionalität der neuen Fehlerbehandlungsroutine ist nicht
auf die Ausführung der Halt-Anweisung beschränkt. Denkbar wäre z.B. die
zusätzliche Ausgabe der Fehlermeldung in eine Protokolldatei, evtl. ergänzt
durch einen Abzug des augenblicklichen Bildschirminhalts. Später kann dann
die Protokolldatei - bei professionellen Programmen z.B. im Rahmen der
Programmwartung - analysiert werden.

8.10 Eigene Fensterobjekte

Ein Anspruch, den wir an das neue Fenstersystem gestellt haben, ist die
Möglichkeit zur Integration von Fenstern, die erst im Anwenderprogramm
definiert werden. Wir wollen als Beispiel das aus Kapitel 6 bekannte Fensterobjekt Wnd3T betrachten. Damit Wnd3T richtig integriert werden kann, ist die
Aufteilung der Funktionalität auf die Methoden Allocate, Activate, DeAllocate
und DeActivate erforderlich. Das folgende Programmsegment zeigt Definition
und Implementierung eines Fensterobjekts mit Scrollbars.

```
{-- Scrollbars --}

const ScrollBarC              = #176; {-- graues Viereck }

{-- Objektdefinition --}

type Wnd3T                    = object( Wnd1T )

      WHorizontalScroll,
      WVerticalScroll         : integer;

      constructor Make( XMin, XMax, YMin, YMax : integer; Name : WNameT );

      procedure   Activate; virtual;

      procedure SetHorizontalScroll( Percent : integer );
      procedure SetVerticalScroll( Percent : integer );

      end; {-- Wnd3T }

   Wnd3PT                     = ^Wnd3T;


{-- Objektimplementierung --}

constructor Wnd3T.Make( XMin, XMax, YMin, YMax : integer; Name : WNameT );
begin WndSystemP^.DoFirst;
Wnd1T.Make( XMin, XMax, YMin, YMax, Name );
WHorizontalScroll:= 0;
WVerticalScroll:= 0;
end; {-- Make }

procedure Wnd3T.Activate;
begin WndSystemP^.DoFirst;
Wnd1T.Activate;
SetHorizontalScroll( WHorizontalScroll );
SetVerticalScroll( WVerticalScroll );
end; {-- Activate }


procedure Wnd3T.SetHorizontalScroll( Percent : integer );

var I                         : integer;
    Size                      : integer;

var SaveXCur, SaveYCur        : integer;

begin WndSystemP^.DoFirst;

{-- RangeCheck Parameter --}
if ( Percent < 0 ) or ( Percent > 100 ) then
   begin
   WndSystemP^.WndError( WndWrongScroll );
   exit;
   end;
```

```pascal
WHorizontalScroll:= Percent;

SaveXCur:= WhereX; SaveYCur:= WhereY;
crt.Window( WXmin, WYMin, WXMax, WYMax );
Size:= pred( WXMax - WXMin ); {-- Anzahl Zeichen in ScrollArea }

gotoXY( 2, succ( WYMax-WYMin ) );
for I:= 1 to Size do
   write( ScrollBarC );

gotoXY( trunc( Percent/100*pred( Size ) )+2, succ( WYMax - WYMin ) );
HighVideo;
write( ScrollBarC );
LowVideo;

crt.Window( succ( WXMin ), succ( WYMin ), pred( WXMax ), pred( WYMax ) );
gotoXY( SaveXCur, SaveYCur );
end; {-- SetHorizontalScroll }


procedure Wnd3T.SetVerticalScroll( Percent : integer );

var I                      : integer;
    Size                   : integer;

var SaveXCur, SaveYCur     : integer;

begin WndSystemP^.DoFirst;

{-- RangeCheck Parameter --}
if ( Percent < 0 ) or ( Percent > 100 ) then
   begin
   WndSystemP^.WndError( WndWrongScroll );
   exit;
   end;

WVerticalScroll:= Percent;

SaveXCur:= WhereX; SaveYCur:= WhereY;
crt.Window( WXmin, WYMin, WXMax, WYMax );
Size:= pred( WYMax - WYMin ); {-- Anzahl Zeichen in ScrollArea }

for I:= 1 to Size do
   begin
   gotoXY( succ( WXMax-WXMin ), succ( I ) );
   write( #176 );
   end;

gotoXY( succ( WXMax - WXMin ), trunc( Percent/100*pred( Size ) )+2  );
HighVideo;
write( #176 );
LowVideo;

crt.Window( succ( WXMin ), succ( WYMin ), pred( WXMax ), pred( WYMax ) );
gotoXY( SaveXCur, SaveYCur );
end; {-- SetVerticalScroll }
```

Das Beispiel zeigt, daß die Methoden Allocate, DeActivate und DeAllocate von
Wnd1T geerbt werden können. Nur die Methode Activate muß redefiniert werden. In dieser Implementierung sind die Scrollbars nur sichtbar, wenn das
Fenster aktiv ist. Deaktivierte Fenster werden mit normalem Rahmen dargestellt. Sollen die Scrollbars auch in deaktiviertem Zustand sichtbar bleiben,
muß der Aufruf von SetHorizontalScroll bzw. SetVerticalScroll in Allocate und
DeActivate verlegt werden.

Im folgenden Beispiel wird Wnd3T als zweites Fenster definiert. Zur Umschaltung zwischen beiden Fensters werden die Tasten 1 und 2 verwendet.

```
uses crt, Window;

{$I W301   } {-- MyWndSystemT }
{$I W302   } {-- Wnd3T }

var WP1, WP2 : BaseWndPT;
    I  : integer;
    C  : char;
    ActiveWnd : integer;

begin
ClrScr;

WndSystemP:= new( MyWndSystemPT, Make );

WP1:= new( Wnd1PT, Make( 10, 20, 5, 10, 'Fenster 1' ) );
WP2:= new( Wnd3PT, Make( 30, 40, 5, 10, 'Fenster 2' ) );

with WP2^ do
   begin
   Open;
   DeActivate;
   end;

WP1^.Open;
ActiveWnd:= 1;

   repeat;
   C:= ReadKey;

   case C of

   '1' : if ActiveWnd = 2 then
            begin
            WP2^.DeActivate;
            WP1^.Activate;
            ActiveWnd:= 1;
            end;
   '2' : if ActiveWnd = 1 then
            begin
            WP1^.DeActivate;
            WP2^.Activate;
            ActiveWnd:= 2;
            end;
```

```
    else write( C );

    end; {-- case }

until C = 'X';

if ActiveWnd = 1 then
   begin
   WP1^.Close;
   WP2^.DeAllocate;
   end
else
   begin
   WP1^.DeAllocate;
   WP2^.Close;
   end;

dispose( WP1, Kill );
dispose( WP2, Kill );

dispose( WndSystemP, Kill );

end.
```

Die Definition und Implementierung von MyWndSystemT wurde in die Datei
W301, Definition und Implementierung von Wnd3T in die Datei W302 ausge-
lagert. Der einzige Unterschied zu früheren Beispielen liegt darin, daß in der
New-Anweisung für das zweite Fenster nun Wnd3PT anstelle von Wnd1PT steht.
Einfacher kann die Integration eigener Elemente kaum noch sein!

8.11 Die Verwendung des Kellerspeichers

WndSystemT exportiert zwei Methoden, die die Verwaltung übereinanderliegender Fenster übernehmen können. Bei übereinanderliegenden Fenstern muß
darauf geachtet werden, daß die Fenster in umgekehrter Reihenfolge des Öffnens wieder geschlossen werden. Diese Reihenfolge wird automatisch eingehalten, wenn die Methoden OpenWnd und CloseWnd verwendet werden. Folgendes Beispielprogramm zeigt eine Anwendung dieser Methoden:

```
uses crt, Window;

{$I W301   } {-- MyWndSystemT }

var C  : char;

begin
ClrScr;

WndSystemP:= new( MyWndSystemPT, Make );
WndSystemP^.OpenWnd( new( Wnd1PT, Make( 10, 20, 5, 10, 'Fenster 1' ) ) );
WndSystemP^.OpenWnd( new( Wnd1PT, Make( 30, 40, 5, 10, 'Fenster 2' ) ) );

    repeat
    C:= ReadKey;
    case C of

    '1' : if WndSystemP^.CloseWnd then;

    else write( C );
    end; {-- case }

    until C = 'X';

    repeat
    until not WndSystemP^.CloseWnd;

dispose( WndSystemP, Kill );

end.
```

Da die Verwaltung der Fenster nun vollständig von WndSystemT übernommen
wird, sind im Anwendungsprogramm keine Variablen für die Instanzen mehr
erforderlich. Ein Anwendungsprogramm kann so eine variable Anzahl
Fenster verwalten, ohne daß diese Zahl zur Übersetzungszeit bekannt sein
müßte. Ebenso kann die Variable ActiveWnd entfallen, da automatisch das
"obenliegende" (d.h. das zuletzt geöffnete Fenster) aktiviert und alle anderen
Fenster deaktiviert sind. Als zusätzliche Leistung hält WndSystemT einen Zeiger
auf das gerade aktive Fenster bereit. Dieser Zeiger wird z.B von
RepositionWnd verwendet, um das aktuelle Fenster auf dem Bildschirm zu
verschieben. Im folgenden Programm kann durch Eingabe von 1 bzw. 2 ein
Fenster geöffnet bzw. geschlossen werden. Das jeweils oberste Fenster kann
durch die Pfeiltasten in der entsprechenden Richtung um eine
Bildschirmposition versetzt werden.

```pascal
uses crt, Window;

{$I W301   } {-- MyWndSystemT }

var C  : char;

begin
ClrScr;

WndSystemP:= new( MyWndSystemPT, Make );

   repeat

   C:= ReadKey;

   case C of

   '1' : begin
         with WndSystemP^, ActiveWP^ do
            if ActiveWP = nil then
               OpenWnd( new( Wnd1PT, Make( 10, 20, 5, 10, '' ) ) )
            else
               OpenWnd( new( Wnd1PT,
                  Make( WXMin + 3, WXMax + 3, WYMin + 2, WYMax + 2, '' ) ) );
         ClrScr;
         end;

   '2' : if WndSystemP^.CloseWnd then;


   #0  : begin
         C:= ReadKey;
         with WndSystemP^ do
            case C of

            #75 : RepositionWnd( -1, 0 ); {-- links  }
            #72 : RePositionWnd( 0, -1 ); {-- oben   }
            #77 : RepositionWnd( 1,  0 ); {-- rechts }
            #80 : RepositionWnd( 0,  1 ); {-- unten  }
            end; {-- case }
         end; {-- #0 }


   else write( C );
   end; {-- case }

   until C = 'X';

   repeat
   until not WndSystemP^.CloseWnd;

dispose( WndSystemP, Kill );

end.
```

Dieses Programm zeigt, wie man mit einfachen Mitteln bereits eindrucks-
volle Effekte auf dem Bildschirm hervorbringen kann. Für eine sinnvolle
Anwendung müßten allerdings noch einige Probleme beseitigt werden. So
werden beispielsweise einige Fehler nicht abgefangen. Verschiebt man z.B.
ein Fenster bis an den Rand des Bildschirms, wird diese Situation nicht erkannt und führt zum Absturz des Programms. Auf die Implementierung zu-
sätzlicher Fehlerprüfung zur Vermeidung dieses und ähnlicher Fehler wurde
verzichtet, um den Quellcode nicht zu unübersichtlich zu machen.

8.12 Ein Beispiel mit Exploding Windows

Im folgenden Programm werden nicht Fenster vom Typ Wnd1T sondern vom
Typ Wnd2T erzeugt. Der Konstruktor Wnd2T.Make hat zwei Parameter mehr, die
den Startpunkt für den Öffnungsprozeß angeben. Diese beiden Parameter
müssen in absoluten Bildschirmkoordinaten angegeben werden. Um die Öff-
nung des neuen Fensters von der aktuellen Zeigerposition aus zu beginnen,
ist daher eine Umrechnung der Fensterkoordinaten auf Bildschirmkoordinaten durchzuführen. Die Prozeduren WhereX und WhereY liefern die aktuelle Zeigerposition bezogen auf das aktuelle Fenster. Zur Umrechnung auf Bildschirmkoordinaten müssen nur die Offsets der Fensterkoordinaten addiert
werden.

```
uses crt, Window;

{$I W301   } {-- MyWndSystemT }

var C  : char;

begin
ClrScr;

WndSystemP:= new( MyWndSystemPT, Make );

   repeat

   C:= ReadKey;

   case C of

   '1' : begin
         with WndSystemP^, ActiveWP^ do
            if ActiveWP = nil then
               OpenWnd( new( Wnd2PT, Make( 10, 20, 5, 10, '', 2, 2 ) ) )
            else
               OpenWnd( new( Wnd2PT,
                  Make( WXMin + 3, WXMax + 3, WYMin + 2, WYMax + 2, '',
                  WhereX + pred( WXMin ), WhereY + pred( WYMin ) ) ) );
         ClrScr;
         end;
```

```
'2' : if WndSystemP^.CloseWnd then;

#0  : begin
      C:= ReadKey;
      with WndSystemP^ do
        case C of

        #75 : RepositionWnd( -1, 0 ); {-- links  }
        #72 : RePOsitionWnd( 0, -1 ); {-- oben   }
        #77 : RepositionWnd( 1,  0 ); {-- rechts }
        #80 : RepositionWnd( 0,  1 ); {-- unten  }
        end; {-- case }
      end; {-- #0 }


    else write( C );
    end; {-- case }

    until C = 'X';

    repeat
    until not WndSystemP^.CloseWnd;

dispose( WndSystemP, Kill );

end.
```

Die Berechnung der absoluten Bildschirmkoordinaten wird im folgenden
Programm direkt beim Aufruf von OpenWnd durchgeführt. Wenn Transforma-
tionen zwischen Fenster- und Bildschirmkoordinaten öfter gebraucht werden,
sollten die Berechnungen in eigens dafür vorgesehene Methoden verlegt werden.

8.13 Zusammenfassung

Dieses Kapitel zeigt am Beispiel eines Fenstersystems die wesentlichen
Techniken professioneller objektorientierter Programmierung auf. Das Fenstersystem ist bereits vom Entwurf her so ausgelegt, daß die Vorteile objektorientierter Programmierung zur Geltung kommen können. Die zentrale Eigenschaft, von der immer wieder Gebrauch gemacht wird, ist die Möglichkeit zur Redefinition virtueller Methoden in Objekthierarchien. In den Bei-
spielprogrammen wird die Redefinition virtueller Methoden verwendet, um
spezielle Fehlerbehandlungen sowie zusätzliche Fensterobjekte zu definieren.
Da das Fenstersystem so einfach zu erweitern ist, muß der Entwickler nicht
mehr alle Anwendungsfälle voraussehen, sondern kann spezielle Anwendungen dem Anwendungsprogrammierer überlassen. Die Struktur von allge-
meinverwendbaren Units kann auf diese Weise einfacher und damit war-
tungsfreundlicher gehalten werden. Die Qualität von Toolboxen, die objekt-

orientiert programmiert sind, wird nicht mehr an der Anzahl der bereitgestellten Funktionen gemessen, sondern an den Möglichkeiten, mit denen der
Anwender die Funktionalität nach seinen Wünschen beeinflussen kann. Die
Hook-Technik, hier dargestellt an der Prozedur `DoFirst`, ist ein speziell für
die objektorientierte Programmierung geeignetes Mittel, um diese Flexibilität
zu gewährleisten. Es reicht eben nicht aus, in ein fertiges System einige Objekte einzufügen, um eine "Objektorientierte Library" zu erhalten.

Anhang: Listings

Im Anhang sind noch einmal alle wesentlichen Units vollständig aufgelistet.
In dieser Form können sie auch beim Autor auf Diskette erhalten werden.

A.1 Unit General

A.1.1 Datei General

```
unit General;

interface
uses crt, dos;


{-- Bildschirmorientierte Routinen -------------------- G110 ----}

function GetScreenBase : word;

{-- Tastaturorientierte Routinen     -------------------- G120 ----}

function Keypressed2 : boolean;

{-- Logikroutinen  --------------------------------- G130 ----}

function Sign( A : integer ) : integer;

implementation

{$I G110 } {-- Bildschirmorientierte Routinen }
{$I G120 } {-- Tastaturorientierte Routinen   }
{$I G130 } {-- Logikorientierte Routinen      }

end.
```

A.1.2 Datei G110

```
{-- Bildschirmorientierte Routinen --} {-- G110 }

function GetScreenBase : word;

{
    liefert die Segmentadresse des Bildschirmspeichers
}

var R                          : Registers;

begin
Intr( $11, R ); {-- BIOS EquipmentList }
if R.AX and $30 = $30 then {-- Monochromadapter }
   GetScreenBase:= $B000
else
   GetScreenBase:= $B800;
end; {-- GetScreenBase }
```

A.1.3 Datei G120

```
{-- Tastaturorientierte Routinen } {-- G120 }

function Keypressed2 : boolean;

var C                          : char;

begin
if Keypressed then
   begin
   KeyPressed2:= true;
   C:= ReadKey;
   end
else
   KeyPressed2:= false;
end; {-- KeyPressed2 }
```

A.1.4 Datei G130

```
function Sign( A : integer ) : integer;
{
    liefert das erweiterte Vorzeichen von A

   A < 0   : -1
   A = 0   :  0
   A > 0   :  1
}

begin
if A < 0 then
   Sign:= -1
else
   if A > 0  then
      Sign:= 1
   else
      Sign:= 0;
end; {-- Sign }
```

A.2 Kellerspeicher aus Kapitel 5

A.2.1 Datei StackU

```
unit StackU;
{
    StackT definiert einen Stack mit 10 Elementen.
    Push legt ein Element ab, liefert true wenn noch Platz
         fuer ein weiteres Element ist.
    Pop  liefert eine Element, nil wenn Stack leer ist.
}

interface

{-- Urtyp eines Stackelements ------------------------------------------------}

type StackElmT             = object {-- Kap5l18 }
        end;

     StackElmPT            = ^StackElmT;
```

```
{-- Der Stack selber -------------------------------- S110  ---------}

const MaxEntriesC            = 10;

type StackT                  = object

        Buffer                   : array[ 1..MaxEntriesC ] of StackElmPT;
        Index                    : integer;

        procedure Make;
        procedure Kill;

        function Push( EP : StackElmPT ) : boolean;
        function Pop : StackElmPT;
        end; {-- StackT }

implementation

{$I S110 } {-- Make, Kill }
{$I S120 } {-- Push, Pop }

end.
```

A.2.2 Datei S110

```
{--- Implementierung StackT  Make, Kill ----}

procedure StackT.Make;
begin
Index:= 1;
end; {-- Make }

procedure StackT.Kill;
begin
end; {-- Kill }
```

A.2.3 Datei S120

```
{--- Implementierung StackT  Push, Pop --}

function StackT.Push( EP : StackElmPT ) : boolean;
begin

if Index = MaxEntriesC then {-- Speicher voll. EP nicht eintragen }
   begin
   Push:= false;
   exit;
   end;

Buffer[ Index ] := EP;
inc( Index );
Push:= true;

end; {-- Push }


function StackT.Pop : StackElmPT;
begin

if Index = 1 then {-- Speicher leer. nil zwhere zurueckliefern }
   begin
   Pop:= nil;
   exit;
   end;

dec( Index );
Pop:= Buffer[ Index ];

end; {-- Pop }
```

A.3 Fenstersystem aus Kapitel 6

A.3.1 Datei Window

```pascal
unit window;

interface

uses crt, general, StackU;

{$I W101.dcl   } {-- Im InterfaceTeil gebrauchte Deklarationen }
{$I W102.dcl   } {-- Fehlervariablen und Konstanten            }

{---------- Generelle Prozeduren ------------------------------------------}

function WndCheck( ErrorCode : byte ) : boolean;
procedure msg    ( ErrorCode : byte );

{---------- PreBaseWndT ---------------------------------------------------}

type PreBaseWndT            = object( StackElmT )

        ObjectType          : ( BaseWnd, Wnd1, Wnd2, Wnd3 );
        end; {-- PreBaseWndT }

type PreBaseWndPT           = ^PreBaseWndT;

{---------- BaseWndT ------------------------------------------------------}

type BaseWndT               = object( PreBaseWndT )
        WXMin, WXMax,
        WYMin, WYMax        : integer;

        XCur, YCur          : integer; {-- Cursorposition vor Oeffnen  }
        Status              : WndStatusT;
        SaveP               : LongArrayPT; {-- gesicherter Bildschirmbereich }

        ColCount, LineCount : integer;
        Amount              : integer;

        procedure Make;
        procedure Kill;

        procedure Open( XMin, XMax, YMin, YMax : integer );
        procedure Close;

        end; {-- BaseWndT }

type BaseWndPT              = ^BaseWndT;
```

```
{---------- Wnd1T    ------------------------------------------------}

type Wnd1T                  = object( BaseWndT )

    WName                   : WNameT;

    procedure Make;
    procedure Open( XMin, XMax, YMin, YMax : integer; Name : WNameT );
    procedure SetStandard;
    procedure SetAlternate;

    end; {-- Wnd1T }

type Wnd1PT                 = ^Wnd1T;

{---------- Wnd2T    ------------------------------------------------}

type Wnd2T                  = object( Wnd1T )

    WXStart, WYStart        : integer;

    procedure Make;
    procedure Open( XMin, XMax, YMin, YMax : integer; Name : WNameT;
                    XStart, YStart : integer );

    procedure Close;

    end; {-- Wnd2T }

type Wnd2PT                 = ^Wnd2T;

{---------- Wnd3T    ------------------------------------------------}

type Wnd3T                  = object( Wnd2T )

    WHorizontalScroll,
    WVerticalScroll         : integer;

    procedure Make;
    procedure SetHorizontalScroll( Percent : integer );
    procedure SetVerticalScroll( Percent : integer );

    end; {-- Wnd3T }

type Wnd3PT                 = ^Wnd3T;

{---------- WndStackT ------------------------------------------------}

type WndStackT              = object( StackT )

    ActiveWP                : PreBaseWndPT;

    procedure Make;

    procedure OpenBaseWnd( XMin, XMax, YMin, YMax : integer );

    procedure OpenWnd1( XMin, XMax, YMin, YMax : integer;
                        Name : WNameT );
```

```
          procedure OpenWnd2( XMin, XMax, YMin, YMax : integer;
                              Name : WNameT; XStart, YStart : integer );

          procedure OpenWnd3( XMin, XMax, YMin, YMax : integer;
                              Name : WNameT; XStart, YStart : integer );

          procedure CloseWnd;

          end; {-- WndStackT }

type WndStackPT              = ^WndStackT;

implementation

{$I W111.dcl   } {-- ScreenT }
{$I W112.dcl   } {-- Konstanten fuer Rahmen und Scrollbars }
{$I W120       } {-- Generelle Prozeduren }

{$I W100       } {-- Methoden BaseWndT }
{$I W101       } {-- Methoden Wnd1T    }
{$I W102       } {-- Methoden Wnd2T    }
{$I W103       } {-- Methoden Wnd3T    }

{$I W110       } {-- Methoden WndStackT }

begin
ScreenP:= ptr( GetScreenBase, 0 );

{-- Standardeinstellung: Alle Fehler bewirken Meldung und Abbruch --}
MsgCodeSet := [ 0..255 ];
HaltCodeSet:= [ 0..255 ];

end.
```

A.3.2 Datei W101.dcl

```
{-- Bezeichnet den Zustand eines Fensters. Sinnvoll fuer
    erweiterte Fehlerpruefungen --}

type WndStatusT

  = ( closed,    {-- kein Speicher zugewiesen                }
      active );  {-- Fenster offen                           }

{-- LongArrayT erlaubt die Interpretation eines Speicherbereiches als
    Folge von Einzelzeichen --}

type LongArrayT              = array[ 1..MaxInt ] of char;
     LongArrayPT            = ^LongArrayT;
```

```
{-- WNameT aus Speicherplatzgruenden eingefuehrt --}

type WNameT                 = string[ 20 ];

type ErrorCodeSetT          = set of byte;

var MsgCodeSet, HaltCodeSet  : ErrorCodeSetT;
```

A.3.3 Datei W102.dcl

```
var WndOK                   : boolean; {-- true : kein Fehler }
    WndError                : integer; {-- Fehlernummer falls WndOK = false }

const WndWrongParam         = 1;
      WndTooSmall           = 2;
      WndNoMem              = 3;
      WndWrongStat          = 4;
      WndWrongStart         = 5;
      WndWrongScroll        = 6;

      WndStackEmpty         = 7;
      WndStackFull          = 8;

      WndNotOK              = 9;
```

A.3.4 Datei W111.dcl

```
{-- Interpretation eines Hauptspeicherbereiches als Bildschirmspeicher }

const ScrColumnsC           = 80; {-- Spalten pro Zeile }
      ScrLinesC             = 25; {-- Bildschirmzeilen }
```

```
type ScrCharT                = record
        Ch                   : char; {-- Das eigentliche Zeichen }
        Attr                 : byte; {-- Attribut des Zeichens }
        end; {-- ScrCharT }

type ScrLineT                = array[ 1..ScrColumnsC ] of ScrCharT;

type ScreenPT                = ^ScreenT;
     ScreenT                 = array[ 1..ScrLinesC ] of ScrLineT;

{-- ScreenP zeigt auf Hardwarebildschirm. Wird im Initialisierungsteil
    von Window initialisiert --}

var ScreenP                  : ScreenPT;
```

A.3.5 Datei W112.dcl

```
{-- Konstanten fuer Rahmen und Scrollbars etc --}

{-- Einfacher Rahmen --}

const UpperLeft1C            = #218;
      LowerLeft1C            = #192;
      UpperRight1C           = #191;
      LowerRight1C           = #217;

      Vertical1C             = #179;
      Horizontal1C           = #196;

{-- Doppelter Rahmen --}

const UpperLeft2C            = #201;
      LowerLeft2C            = #200;
      UpperRight2C           = #187;
      LowerRight2C           = #188;

      Vertical2C             = #186;
      Horizontal2C           = #205;

{-- Scrollbars --}

const ScrollBarC            = #176; {-- graues Viereck }
```

A.3.6 Datei W120

```pascal
procedure msg( ErrorCode : byte );
begin

case ErrorCode of

WndWrongParam          : writeln( 'Falsche Parameter'  );
WndTooSmall            : writeln( 'Fenster zu klein'    );
WndNoMem               : writeln( 'Kein Speicher mehr' );
WndWrongStat           : writeln( 'Falscher Status'     );
WndWrongStart          : writeln( 'Falsche Startwerte' );
WndWrongScroll         : writeln( 'Falsche Scrollbars' );

WndStackEmpty          : writeln( 'Keine offenen Fenster mehr' );
WndStackFull           : writeln( 'Kein Platz mehr auf Stack'  );
WndNotOK               : writeln( 'WndOK ist noch falsch'      );

end; {-- case }
end; {-- msg }

function WndCheck( ErrorCode : byte ) : boolean;

begin
WndError:= ErrorCode;

if ErrorCode in MsgCodeSet then
   begin
   msg( ErrorCode );
   WndOK:= true;
   end
else
   WndOK:= false;

if ErrorCode in HaltCodeSet then
   halt( 1 );

WndCheck:= not WndOK;
end; {-- WndCheck }
```

A.3.7 Datei W100

```
procedure BaseWndT.Make;
begin
Status:= closed;
WndOK:= true;
ObjectType:= BaseWnd;
end; {-- Make }

procedure BaseWndT.Kill;
begin

{-- Statuspruefung --}
if Status <> Closed then
   if WndCheck( WndWrongStat ) then exit;

if not WndOK then
   if WndCheck( WndNotOK ) then exit;

end; {-- Kill }


procedure BaseWndT.Open( XMin, XMax, YMin, YMax : integer );


var I, J                        : integer;

begin

if not WndOK then
   if WndCheck( WndNotOK ) then exit;

{-- RangeCheck der Parameter --}
if ( XMin < 1 ) or ( XMax > ScrColumnsC ) or
   ( YMin < 1 ) or ( YMin > ScrLinesC ) then
   if WndCheck( WndWrongParam ) then exit;

{-- Fenster muss mindestens 1x1 gross sein --}
if ( XMax - XMin < 2 ) or ( YMax - YMin < 2 ) then
   if WndCheck( WndTooSmall ) then exit;

{-- Statuspruefung --}
if Status <> Closed then
   if WndCheck( wndWrongStat ) then exit;

{-- Feststellen des zu sichernden Bildschirmbereiches --}
ColCount:= 2*succ( XMax-XMin ); {-- bytes pro Zeile }
LineCount:= succ( YMax-YMin );  {-- Anzahl Zeilen }
Amount:= LineCount * ColCount;

if MaxAvail < Amount then
   if WndCheck( WndNoMem ) then exit;

GetMem( SaveP, Amount );
```

```pascal
{-- Zeilenweise in SaveP^ ablegen --}
J:= 1;
for I:= YMin to YMax do
   begin
   move( ScreenP^[ I, XMin ], SaveP^[ J ], ColCount );
   J:= J + ColCount;
   end;

{-- Fensterkoordinaten und Cursorposition --}
WXMin:= XMin; WXMax:= XMax;
WYMin:= YMin; WYMax:= YMax;
XCur:= WhereX; YCur:= WhereY;
Status:= active;

crt.Window( XMin, YMin, XMax, YMax );
gotoXY( 1, 1 );

end; {-- Open }


procedure BaseWndT.Close;

var I, J                      : integer;

begin

if not WndOK then
   if WndCheck( WndNotOK ) then exit;

{-- Statuspruefung --}
if Status = Closed then
   if WndCheck( WndWrongStat ) then exit;

crt.Window( 1, 1, 80, 25 );

{-- Zeilenweise aus SaveP^ holen --}
J:= 1;
for I:= WYMin to WYMax do
   begin
   move( SaveP^[ J ], ScreenP^[ I, WXMin ], ColCount );
   J:= J + ColCount;
   end;

FreeMem( SaveP, Amount );
gotoXY( XCur, YCur );
Status:= closed;
end; {-- Close }
```

A.3.8 Datei W101

```
procedure Wnd2T.Make;
begin
Wnd1T.Make;
ObjectType:= Wnd2;
end; {-- Make }


procedure Wnd2T.Open( XMin, XMax, YMin, YMax : integer; Name : WNameT;
                      XStart, YStart : integer );

var XMinDelta, XMaxDelta,
    YMinDelta, YMaxDelta,
    TempXMin, TempXMax,
    TempYMin, TempYMax         : integer;

var Done                       : boolean;
    D                          : integer;

begin

if not WndOK then
   if WndCheck( WndNotOK ) then exit;

{-- RangeCheck Parameter --}
if ( XStart < 2 ) or ( YStart < 2 ) then
   if WndCheck( WndWrongStart ) then exit;

WXStart:= XStart;
WYStart:= YStart;

XMinDelta:= Sign( XMin - XStart );
XMaxDelta:= Sign( XMax - XStart );
YMinDelta:= Sign( YMin - YStart );
YMaxDelta:= Sign( YMax - YStart );

TempXMin:= XStart + XMinDelta;
TempXMax:= XStart + XMaxDelta;
TempYMin:= YStart + YMinDelta;
TempYMax:= YStart + YMaxDelta;
```

```
   repeat
   Done:= true;
   D:= 0;

   if TempXMin <> XMin then
      begin
      inc( TempXMin, XMinDelta );
      inc( D, 5 );
      Done:= false;
      end;

   if TempXMax <> XMax then
      begin
      inc( TempXMax, XMaxDelta );
      inc( D, 5 );
      Done:= false;
      end;

   if TempYMin <> YMin then
      begin
      inc( TempYMin, YMinDelta );
      inc( D, 5 );
      Done:= false;
      end;

   if TempYMax <> YMax then
      begin
      inc( TempYMax, YMaxDelta );
      inc( D, 5 );
      Done:= false;
      end;

   Wnd1T.Open( TempXMin, TempXMax, TempYMin, TempYMax, Name );
   if not WndOK then exit;

   delay( D );
   if not Done then
      begin
      Wnd1T.Close;
      if not WndOK then exit;
      end;

   until Done;

end; {-- Open }
```

```
procedure Wnd2T.Close;

var XMinDelta, XMaxDelta,
    YMinDelta, YMaxDelta,
    TempXMin, TempXMax,
    TempYMin, TempYMax          : integer;

var Done                        : boolean;
    D                           : integer;

begin

if not WndOK then
   if WndCheck( WndNotOK ) then exit;

XMinDelta:= Sign( WxStart - WXMin );
XMaxDelta:= Sign( WxStart - WXMax );
YMinDelta:= Sign( WYStart - WYMin );
YMaxDelta:= Sign( WYStart - WYMin );

TempXMin:= succ( WXMin );
TempXMax:= pred( WXMax );
TempYMin:= succ( WYMin );
TempYMax:= pred( WYMax );

   repeat

   Done:= true;
   D:= 0;

   if ( TempXMax = TempXMin ) and ( TempYMax = TempYMin ) then
      begin {-- Verschieben --}

      D:= 20;
      if TempXMin <> WXStart then
         begin
         inc( TempXMin, XMinDelta );
         inc( TempXMax, XMaxDelta );
         Done:= false;
         end;

      if TempYMax <> WYstart then
         begin
         inc( TempYMin, YMinDelta );
         inc( TempYMax, YMaxDelta );
         Done:= false;
         end;

      end
```

```pascal
    else
      begin {-- Verkleinern }

      if ( XMinDelta > 0 ) and ( TempXMin <> WXStart ) then
         begin
         if TempXMax - TempXMin > 0 then
            inc( TempXMin, XMinDelta );
         inc( D, 5 );
         Done:= false;
         end;

      if ( XMaxDelta < 0 ) and ( TempXMax <> WXStart ) then
         begin
         if TempXMax - TempXMin > 0 then
            inc( TempXMax, XMaxDelta );
         inc( D, 5 );
         Done:= false;
         end;

      if ( YMinDelta > 0 ) and ( TempYMin <> WYStart ) then
         begin
         if TempYMax - TempYMin > 0 then
            inc( TempYMin, YMinDelta );
         inc( D, 5 );
         Done:= false;
         end;

      if ( YMaxDelta < 0 ) and ( TempYMax <> WYStart ) then
         begin
         if TempYMax - TempYMin > 0 then
            inc( TempYMax, YMaxDelta );
         inc( D, 5 );
         Done:= false;
         end;
      end;

   Wnd1T.Close;
   if not WndOK then exit;

   if not Done then
      begin
      Wnd1T.Open( TempXMin, TempXMax, TempYMin, TempYMax, WName );
      if not WndOK then exit;
      delay( D );
      end;

   until Done;

end; {-- Close }
```

A.3.9 Datei W103

```
procedure Wnd3T.Make;
begin
Wnd2T.Make;
ObjectType:= Wnd3;
end; {-- Make }

procedure Wnd3T.SetHorizontalScroll( Percent : integer );

var I                           : integer;
    Size                        : integer;

begin

if not WndOK then
   if WndCheck( WndNotOK ) then exit;

{-- RangeCheck Parameter --}
if ( Percent < 0 ) or ( Percent > 100 ) then
   if WndCheck( WndWrongScroll ) then exit;

crt.Window( WXmin, WYMin, WXMax, WYMax );
Size:= pred( WXMax - WXMin ); {-- Anzahl Zeichen in ScrollArea }

gotoXY( 2, succ( WYMax-WYMin ) );
for I:= 1 to Size do
   write( ScrollBarC );

gotoXY( trunc( Percent/100*pred( Size ) )+2, succ( WYMax - WYMin ) );
HighVideo;
write( ScrollBarC );
LowVideo;

crt.Window( succ( WXMin ), succ( WYMin ), pred( WXMax ), pred( WYMax ) );
end; {-- SetHorizontalScroll }


procedure Wnd3T.SetVerticalScroll( Percent : integer );

var I                           : integer;
    Size                        : integer;

begin

if not WndOK then
   if WndCheck( WndNotOK ) then exit;

{-- RangeCheck Parameter --}
if ( Percent < 0 ) or ( Percent > 100 ) then
   if WndCheck( WndWrongScroll ) then exit;

crt.Window( WXmin, WYMin, WXMax, WYMax );
Size:= pred( WYMax - WYMin ); {-- Anzahl Zeichen in ScrollArea }
```

```
for I:= 1 to Size do
   begin
   gotoXY( succ( WXMax-WXMin ), succ( I ) );
   write( #176 );
   end;

gotoXY( succ( WXMax - WXMin ), trunc( Percent/100*pred( Size ) )+2  );
HighVideo;
write( #176 );
LowVideo;

crt.Window( succ( WXMin ), succ( WYMin ), pred( WXMax ), pred( WYMax ) );
end; {-- SetVerticalScroll }
```

A.3.10   Datei W110

```
procedure WndStackT.Make;
begin
StackT.Make;
ActiveWP:= nil;
WndOK:= true;
end; {-- Make }

procedure WndStackT.OpenBaseWnd( XMin, XMax, YMin, YMax : integer );

var BaseWP                      : BaseWndPT;

begin

if not WndOK then
   if WndCheck( WndNotOK ) then exit;

new( BaseWP );
BaseWP^.Make;
BaseWP^.Open( XMin, XMax, YMin, YMax );
if not WndOK then exit;

ActiveWP:= BaseWP;
if not Push( BaseWP ) then
   if WndCheck( WndStackFull ) then exit;

end; {-- OpenBaseWnd }
```

```
procedure WndStackT.OpenWnd1( XMin, XMax, YMin, YMax : integer;
                              Name : WNameT );

var W1P                     : Wnd1PT;

begin

if not WndOK then
   if WndCheck( WndNotOK ) then exit;

new( W1P );
W1P^.Make;
W1P^.Open( XMin, XMax, YMin, YMax, Name );
if not WndOK then exit;

ActiveWP:= W1P;
if not Push( W1P ) then
   if WndCheck( WndStackFull ) then exit;

end; {-- OpenWnd1 }


procedure WndStackT.OpenWnd2( XMin, XMax, YMin, YMax : integer;
                              Name : WNameT; XStart, YStart : integer );

var W2P                     : Wnd2PT;

begin

if not WndOK then
   if WndCheck( WndNotOK ) then exit;

new( W2P );
W2P^.Make;
W2P^.Open( XMin, XMax, YMin, YMax, Name, XStart, YStart );
if not WndOK then exit;

ActiveWP:= W2P;
if not Push( W2P ) then
   if WndCheck( WndStackFull ) then exit;

end; {-- OpenWnd2 }
```

```pascal
procedure WndStackT.OpenWnd3( XMin, XMax, YMin, YMax : integer;
                              Name : WNameT; XStart, YStart : integer );

var W3P                        : Wnd3PT;

begin

if not WndOK then
   if WndCheck( WndNotOK ) then exit;

new( W3P );
W3P^.Make;
W3P^.Open( XMin, XMax, YMin, YMax, Name, XStart, YStart );
if not WndOK then exit;

ActiveWP:= W3P;
if not Push( W3P ) then
   if WndCheck( WndStackFull ) then exit;

end; {-- OpenWnd3 }


procedure WndStackT.CloseWnd;

var WP                         : StackElmPT;
    BaseWP                     : BaseWndPT;
    W1P                        : Wnd1PT;
    W2P                        : Wnd2PT;
    W3P                        : Wnd3PT;

begin

if not WndOK then
   if WndCheck( WndNotOK ) then exit;

WP:= Pop;
if WP = nil then
   if WndCheck( WndStackEmpty ) then exit;

case PreBaseWndPT( WP )^.ObjectType of

BaseWnd    : begin
               BaseWP:= BaseWndPT( WP );
               BaseWP^.Close; if not WndOK then exit;
               BaseWP^.Kill;  if not WndOK then exit;
               dispose( BaseWP );
               end;

Wnd1       : begin
               W1P:= Wnd1PT( WP );
               W1P^.Close; if not WndOK then exit;
               W1P^.Kill;  if not WndOK then exit;
               dispose( W1P );
               end;
```

```
Wnd2       : begin
             W2P:= Wnd2PT( WP );
             W2P^.Close;  if not WndOK then exit;
             W2P^.Kill;   if not WndOK then exit;
             dispose( W2P );
             end;

Wnd3       : begin
             W3P:= Wnd3PT( WP );
             W3P^.Close;  if not WndOK then exit;
             W3P^.Kill;   if not WndOK then exit;
             dispose( W3P );
             end;

end;{-- case }

{-- ActiveWP mit dem obersten Fenster besetzten oder nil --}

WP:= Pop;
if WP <> nil then
   if Push( WP ) then;
ActiveWP:= WP;

end; {-- Close }
```

A.4 Kellerspeicher aus Kapitel 7

A.4.1 Datei VStackU

```
unit VStackU;
{
    StackT definiert einen Stack mit 10 Elementen.
    Push legt ein Element ab, liefert true wenn noch Platz
        fuer ein weiteres Element ist.
    Pop  liefert eine Element, nil wenn Stack leer ist.
}

interface

{-- Urtyp eines Stackelements ------------------------------------------------}

type StackElmT            = object
        constructor Make;
        destructor Kill; virtual;
        end; {-- StackElmT }
  StackElmPT              = ^StackElmT;


{-- Der Stack selber --------------------------------------------------------}

const MaxEntriesC         = 10;

type StackT               = object
        Buffer            : array[ 1..MaxEntriesC ] of StackElmPT;
        Index             : integer;
        constructor Make;
        destructor Kill;
        function Push( EP : StackElmPT ) : boolean;
        function Pop : StackElmPT;
        procedure Clear;
        end; {-- StackT }

implementation

{$I VS150 }  {-- Make, Kill fuer StackElmT }

{$I VS110 }  {-- Make, Kill }
{$I  S120 }  {-- Push, Pop }
{$I VS130 }  {-- Clear }

end.
```

A.4.2 Datei VS150

```
constructor StackElmT.Make;
begin
end;

destructor StackElmT.Kill;
begin
end;
```

A.4.3 Datei VS110

```
{--- Implementierung StackT  Make, Kill ----}

constructor StackT.Make;
begin
Index:= 1;
end; {-- Make }

destructor StackT.Kill;
begin
end; {-- Kill }
```

A.4.4 Datei S120

```
{--- Implementierung StackT  Push, Pop --}

function StackT.Push( EP : StackElmPT ) : boolean;
begin

if Index = MaxEntriesC then {-- Speicher voll. EP nicht eintragen }
   begin
   Push:= false;
   exit;
   end;

Buffer[ Index ] := EP;
inc( Index );
Push:= true;

end; {-- Push }
```

```
function StackT.Pop : StackElmPT;
begin

if Index = 1 then {-- Speicher leer. nil zurueckliefern }
   begin
   Pop:= nil;
   exit;
   end;

dec( Index );
Pop:= Buffer[ Index ];

end; {-- Pop }
```

A.4.5 Datei VS130

```
procedure StackT.Clear;

var I                        : integer;

begin
for I:= 1 to Pred( Index ) do
   Dispose( Buffer[ I ], Kill );
end; {-- Clear }
```

A.5 Fenstersystem aus Kapitel 8

A.5.1 Datei Window

```
unit window;

interface

uses crt, general, VStackU;

{$I W101.dcl   } {-- Im InterfaceTeil gebrauchte Deklarationen }

{-- Fehlerbehandlung --}

const WndWrongParam         = 1;
      WndTooSmall           = 2;
      WndNoMem              = 3;
      WndWrongStat          = 4;
      WndWrongStart         = 5;
      WndWrongScroll        = 6;

      WndStackEmpty         = 7;
      WndStackFull          = 8;


const WndWrongParamC        : string[ 17 ] = 'Falsche Parameter';
      WndTooSmallC          : string[ 16 ] = 'Fenster zu klein';
      WndNoMemC             : string[ 18 ] = 'Kein Speicher mehr';
      WndWrongStatC         : string[ 15 ] = 'Falscher Status';
      WndWrongStartC        : string[ 18 ] = 'Falsche Startwerte';
      WndWrongScrollC       : string[ 18 ] = 'Falsche Scrollbars';

      WndStackEmptyC        : string[ 26 ] = 'Keine offenen Fenster mehr';
      WndStackFullC         : string[ 25 ] = 'Kein Platz mehr auf Stack';
```

```
{---------- BaseWndT ------------------------------------------------}

type BaseWndT              = object( StackElmT )
     WXMin, WXMax,
     WYMin, WYMax          : integer;

     XCur, YCur            : integer; {-- Cursorposition im Fenster }

     Status                : WndStatusT;
     SaveP                 : LongArrayPT; {-- gesicherter Bildschirmbereich }

     ColCount, LineCount   : integer;
     Amount                : integer;

     constructor Make( XMin, XMax, YMin, YMax : integer );
     destructor Kill; virtual;

     procedure   Allocate;      virtual;
     procedure   Activate;      virtual;
     procedure DeActivate;      virtual;
     procedure DeAllocate;      virtual;

     procedure Open;
     procedure Close;

     end; {-- BaseWndT }

   BaseWndPT               = ^BaseWndT;

{---------- Wnd1T       ------------------------------------------------}

type Wnd1T                 = object( BaseWndT )

     WName                 : WNameT;
     FrameType             : ( Standard, Alternate );

     constructor Make( XMin, XMax, YMin, YMax : integer; Name : WNameT );
     procedure   Activate;      virtual;
     procedure DeActivate;      virtual;

     procedure SetStandard;
     procedure SetAlternate;

     end; {-- Wnd1T }

   Wnd1PT                  = ^Wnd1T;
```

```pascal
{----------- Wnd2T      -------------------------------------------------}

type Wnd2T                 = object( Wnd1T )

     WXStart, WYStart      : integer;

     constructor Make( XMin, XMax, YMin, YMax : integer; Name : WNameT;
                       XStart, YStart : integer );
     procedure Allocate;        virtual;
     procedure DeAllocate;      virtual;

     end; {-- Wnd2T }

   Wnd2PT                  = ^Wnd2T;


{----------- WndSystemT -------------------------------------------------}

type WndSystemT            = object( StackT )

     {-- ActiveWP zeigt auf das aktuelle Fenster oder ist nil --}
     ActiveWP              : BaseWndPT;

     {-- WndOK wird von WndSystemT.WndError besetzt und sollte nach
         jeder Operation mit dem Fenstersystem abgefragt werden.
         Das Zuruecksetzen auf true ist Aufgabe des Nutzerprogramms --}

     WndOK                 : boolean;

     constructor Make;

     procedure OpenWnd( NewWndP : BaseWndPT );
     function CloseWnd : boolean;

     procedure RePositionWnd( DeltaX, DeltaY : integer );

     procedure DoFirst; virtual;
     procedure WndError( ErrorCode : byte ); virtual;

     end; {-- WndSystemT }

   WndSystemPT             = ^WndSystemT;

var WndSystemP             : WndSystemPT;

implementation

{$I W111.dcl   } {-- ScreenT }
{$I W112.dcl   } {-- Konstanten fuer Rahmen }

{$I W100       } {-- Methoden BaseWndT }
{$I W101       } {-- Methoden Wnd1T     }
{$I W102       } {-- Methoden Wnd2T     }

{$I W110       } {-- Methoden WndStackT }

end.
```

A.5.2 Datei W101.dcl

```
{-- Bezeichnet den Zustand eines Fensters. Sinnvoll fuer
    erweiterte Fehlerpruefungen --}

type WndStatusT

    = ( NotInitialized,    {-- Make nicht erfolgreich              }
        Made,              {-- Make erfolgreich                    }
        Allocated,         {-- Speicher zugewiesen                 }
        Active,            {-- F. fuer Ausgabe aktiv               }
        DeActive,          {-- F. nicht fuer Ausgabe aktiv         }
        DeAllocated );     {-- Speicher zurueckgegeben             }


{-- LongArrayT erlaubt die Interpretation eines Speicherbereiches als
    Folge von Einzelzeichen --}

type LongArrayT           = array[ 1..MaxInt ] of char;
     LongArrayPT          = ^LongArrayT;

{-- WNameT aus Speicherplatzgruenden eingefuehrt --}

type WNameT               = string[ 20 ];
```

A.5.3 Datei W111.dcl

```
{-- Interpretation eines Hauptspeicherbereiches als Bildschirmspeicher }

const ScrColumnsC         = 80; {-- Spalten pro Zeile }
      ScrLinesC           = 25; {-- Bildschirmzeilen }

type ScrCharT             = record
        Ch                : char; {-- Das eigentliche Zeichen }
        Attr              : byte; {-- Attribut des Zeichens }
        end; {-- ScrCharT }

type ScrLineT             = array[ 1..ScrColumnsC ] of ScrCharT;

type ScreenPT             = ^ScreenT;
     ScreenT              = array[ 1..ScrLinesC ] of ScrLineT;

{-- ScreenP zeigt auf Hardwarebildschirm. Wird im Initialisierungsteil
    von Window initialisiert --}

var ScreenP               : ScreenPT;
```

A.5.4 Datei W112.dcl

```
{-- Konstanten fuer Rahmen und Scrollbars etc --}

{-- Einfacher Rahmen --}

const UpperLeft1C           = #218;
      LowerLeft1C           = #192;
      UpperRight1C          = #191;
      LowerRight1C          = #217;

      Vertical1C            = #179;
      Horizontal1C          = #196;

{-- Doppelter Rahmen --}

const UpperLeft2C           = #201;
      LowerLeft2C           = #200;
      UpperRight2C          = #187;
      LowerRight2C          = #188;

      Vertical2C            = #186;
      Horizontal2C          = #205;
```

A.5.5 Datei W100

```
constructor BaseWndT.Make( XMin, XMax, YMin, YMax : integer );

begin WndSystemP^.DoFirst;
Status:= NotInitialized;

{-- RangeCheck der Parameter --}
if ( XMin < 1 ) or ( XMax > ScrColumnsC ) or
   ( YMin < 1 ) or ( YMin > ScrLinesC ) then
   begin
   WndSystemP^.WndError( WndWrongParam );
   exit;
   end;
```

```pascal
{-- Fenster muss mindestens 1x1 gross sein --}
if ( XMax - XMin < 2 ) or ( YMax - YMin < 2 ) then
   begin
   WndSystemP^.WndError( WndTooSmall );
   exit;
   end;

{-- Fensterkoordinaten speichern -- }
WXMin:= XMin; WXMax:= XMax;
WYMin:= YMin; WYMax:= YMax;

Status:= Made;
end; {-- Make }

procedure BaseWndT.Allocate;

var I, J                      : integer;

begin WndSystemP^.DoFirst;

{-- Statuspruefung --}
if not ( Status in [ Made, DeAllocated ] ) then
   begin
   WndSystemP^.WndError( WndWrongStat );
   exit;
   end;

{-- Feststellen des zu sichernden Bildschirmbereiches --}
ColCount:= 2*succ( WXMax-WXMin ); {-- bytes pro Zeile }
LineCount:= succ( WYMax-WYMin );   {-- Anzahl Zeilen }
Amount:= LineCount * ColCount;

{-- hier waere die Verwendung von Fail moeglich, diese Loesung ist
    aber besser, da ein spezifischer Fehlercode erzeugt wird }

if MaxAvail < Amount then
   begin
   WndSystemP^.WndError( WndNoMem );
   exit;
   end;

GetMem( SaveP, Amount );

{-- Zeilenweise in SaveP^ ablegen --}
J:= 1;
for I:= WYMin to WYMax do
   begin
   move( ScreenP^[ I, WXMin ], SaveP^[ J ], ColCount );
   J:= J + ColCount;
   end;

XCur:= 1;
YCur:= 1;

Status:= Allocated;
end; {-- Allocate }
```

```pascal
procedure BaseWndT.Activate;

begin WndSystemP^.DoFirst;

{-- Statuspruefung --}
if not ( Status in [ Allocated, DeActive ] ) then
   begin
   WndSystemP^.WndError( WndWrongStat );
   exit;
   end;

{-- Fenster oeffnen und Cursor auf letzte Position --}
crt.Window( WXMin, WYMin, WXMax, WYMax );
gotoXY( XCur, YCur );

Status:= Active;
end; {-- Activate }


procedure BaseWndT.DeActivate;

begin WndSystemP^.DoFirst;

{-- Statuspruefung --}
if Status <> Active then
   begin
   WndSystemP^.WndError( WndWrongStat );
   exit;
   end;

XCur:= WhereX; YCur:= WhereY;
crt.Window( 1, 1, ScrColumnsC, ScrLinesC );

Status:= DeActive;
end; {-- DeActivate }


procedure BaseWndT.DeAllocate;

var I, J                        : integer;

begin WndSystemP^.DoFirst;

{-- Statuspruefung --}
if not ( Status in [ Allocated, DeActive ] ) then
   begin
   WndSystemP^.WndError( WndWrongStat );
   exit;
   end;

{-- Zeilenweise aus SaveP^ holen --}
J:= 1;
for I:= WYMin to WYMax do
   begin
   move( SaveP^[ J ], ScreenP^[ I, WXMin ], ColCount );
   J:= J + ColCount;
   end;
```

```
FreeMem( SaveP, Amount );
Status:= DeAllocated;
end; {-- DeAllocate }


destructor BaseWndT.Kill;

begin WndSystemP^.DoFirst;

{-- Statuspruefung --}
if not ( Status in [ Made, DeAllocated ] ) then
   begin
   WndSystemP^.WndError( WndWrongStat );
   exit;
   end;

end; {-- Kill }


procedure BaseWndT.Open;
begin WndSystemP^.DoFirst;
Allocate;
Activate;
end; {-- Open }

procedure BaseWndT.Close;
begin WndSystemP^.DoFirst;
DeActivate;
DeAllocate;
end; {-- Close }
```

A.5.6 Datei W101

```
constructor Wnd1T.Make( XMin, XMax, YMin, YMax : integer; Name : WNameT );
begin WndSystemP^.DoFirst;

if XMax > ScrColumnsC - 2 then
   begin
   WndSystemP^.WndError( WndWrongParam );
   exit;
   end;

BaseWndT.Make( pred( XMin ), succ( XMax ), pred( YMin ), succ( YMax ) );

{-- Namen speichern --}
WName:= Name;

FrameType:= Alternate;
end; {-- Make }

procedure Wnd1T.Activate;
begin WndSystemP^.DoFirst;
```

```
BaseWndT.Activate;
SetAlternate;
end; {-- Activate }

procedure Wnd1T.DeActivate;
begin WndSystemP^.DoFirst;
SetStandard;
BaseWndT.DeActivate;
end;

procedure Wnd1T.SetStandard;

var I                           : integer;
    XSpan, YSpan                : integer;
    DspName                     : WNameT;

var SaveCurX, SaveCurY          : integer;

begin WndSystemP^.DoFirst;

{-- Cursor Sichern, am Ende der Prozedur wiederherstellen }
SaveCurX:= WhereX; SaveCurY:= WhereY;

crt.Window( WXMin, WYMin, succ( WXMax ), WYMax );

XSpan:= succ( WXMax - WXMin ); {-- Spaltenzahl }
YSpan:= succ( WYMax - WYMin ); {-- Zeilenzahl }

gotoXY( 1, 1 );
write( UpperLeft1C );
for I:= 2 to pred( XSpan ) do
   write( Horizontal1C );
write( UpperRight1C );

for I:= 2 to pred( YSpan ) do
   begin
   gotoXY( 1, I );
   write( Vertical1C );
   gotoXY( XSpan, I );
   write( Vertical1C );
   end;

gotoXY( 1, YSpan );
write( LowerLeft1C );
for I:= 2 to pred( XSpan ) do
   write( Horizontal1C );
write( LowerRight1C );

{-- Namen eintragen --}
DspName:= copy( WName, 1, XSpan-2 ); {-- Maximale Laenge ist XSpan-2 }
gotoXY( succ( trunc( succ( XSpan )/2 - length( DspName )/2 ) ), 1 );
write( DspName );

crt.Window( succ( WXMin ), succ( WYMin ), pred( WXMax ), pred( WYMax ) );
gotoXY( SaveCurX, SaveCurY );

end; {-- SetStandard }
```

```pascal
procedure Wnd1T.SetAlternate;

var I                          : integer;
    XSpan, YSpan               : integer;
    DspName                    : WNameT;

var SaveCurX, SaveCurY         : integer;

begin WndSystemP^.DoFirst;

{-- Cursor Sichern, am Ende der Prozedur wiederherstellen }
SaveCurX:= WhereX; SaveCurY:= WhereY;

crt.Window( WXMin, WYMin, succ( WXMax ), WYMax );

XSpan:= succ( WXMax - WXMin ); {-- Spaltenzahl }
YSpan:= succ( WYMax - WYMin ); {-- Zeilenzahl }

gotoXY( 1, 1 );
write( UpperLeft2C );
for I:= 2 to pred( XSpan ) do
   write( Horizontal2C );
write( UpperRight2C );

for I:= 2 to pred( YSpan ) do
   begin
   gotoXY( 1, I );
   write( Vertical2C );
   gotoXY( XSpan, I );
   write( Vertical2C );
   end;

gotoXY( 1, YSpan );
write( LowerLeft2C );
for I:= 2 to pred( XSpan ) do
   write( Horizontal2C );
write( LowerRight2C );

{-- Namen eintragen --}
DspName:= copy( WName, 1, XSpan-2 ); {-- Maximale Laenge ist XSpan-2 }
gotoXY( succ( trunc( succ( XSpan )/2 - length( DspName )/2 ) ), 1 );
write( DspName );

crt.Window( succ( WXMin ), succ( WYMin ), pred( WXMax ), pred( WYMax ) );
gotoXY( SaveCurX, SaveCurY );

end; {-- SetAlternate }
```

A.5.7 Datei W102

```
constructor Wnd2T.Make( XMin, XMax, YMin, YMax : integer; Name : WNameT;
                        XStart, YStart : integer );
begin WndSystemP^.DoFirst;

{-- RangeCheck Parameter --}
if ( XStart < 2 ) or ( YStart < 2 ) then
   begin
   WndSystemP^.WndError( WndWrongStart );
   exit;
   end;

WXStart:= XStart;
WYStart:= YStart;

Wnd1T.Make( XMin, XMax, YMin, YMax, Name );
end; {-- Make }


procedure Wnd2T.Allocate;

var XMinDelta, XMaxDelta,
    YMinDelta, YMaxDelta,
    TempXMin, TempXMax,
    TempYMin, TempYMax         : integer;

var Done                       : boolean;
    D                          : integer;

var TempW                      : Wnd1T;

begin WndSystemP^.DoFirst;

XMinDelta:= Sign( succ( WXMin ) - WXStart );
XMaxDelta:= Sign( pred( WXMax ) - WXStart );
YMinDelta:= Sign( succ( WYMin ) - WYStart );
YMaxDelta:= Sign( pred( WYMax ) - WYStart );

TempXMin:= WXStart + XMinDelta;
TempXMax:= WXStart + XMaxDelta;
TempYMin:= WYStart + YMinDelta;
TempYMax:= WYStart + YMaxDelta;

TempW.Make( TempXMin, TempXMax, TempYMin, TempYMax, WName );
TempW.Open;
Done:= false;
D:= 20;
```

```
while not Done do
   begin
   Done:= true;

   Delay( D );
   D:= 0;
   TempW.Close;
   TempW.Kill;

   {-- Neue Koordinaten berechnen --}

   if TempXMin <> succ(                          if TempXMin <> succ( WXMin ) then
      begin
      inc( TempXMin, XMinDelta );
      inc( D, 5 );
      Done:= false;
      end;

   if TempXMax <> pred( WXMax ) then
      begin
      inc( TempXMax, XMaxDelta );
      inc( D, 5 );
      Done:= false;
      end;

   if TempYMin <> succ( WYMin ) then
      begin
      inc( TempYMin, YMinDelta );
      inc( D, 5 );
      Done:= false;
      end;

   if TempYMax <> pred( WYMax ) then
      begin
      inc( TempYMax, YMaxDelta );
      inc( D, 5 );
      Done:= false;
      end;

   TempW.Make( TempXMin, TempXMax, TempYMin, TempYMax, WName );
   TempW.Open;
   end; {-- while not Done }

{-- Temporaeres Fenster befindet sich jetzt an der Stelle
    des aktuellen Fensters. Temp loeschen und aktuelles Fenster oeffnen }

TempW.Close;
TempW.Kill;
Wnd1T.Allocate;

end; {-- Allocate }
```

```
procedure Wnd2T.DeAllocate;

var XMinDelta, XMaxDelta,
    YMinDelta, YMaxDelta,
    TempXMin, TempXMax,
    TempYMin, TempYMax          : integer;

var Done                        : boolean;
    D                           : integer;

var TempW                       : Wnd1T;

begin WndSystemP^.DoFirst;

XMinDelta:= Sign( WXStart - WXMin );
XMaxDelta:= Sign( WXStart - WXMax );
YMinDelta:= Sign( WYStart - WYMin );
YMaxDelta:= Sign( WYStart - WYMax );

TempXMin:= WXMin;
TempXMax:= WXMax;
TempYMin:= WYMin;
TempYMax:= WYMax;

Wnd1T.DeAllocate;
Done:= false;

while not Done do
   begin
   Done:= true;
   D:= 0;

   if ( TempXMax = TempXMin ) and ( TempYMax = TempYMin ) then
      begin {-- Verschieben --}

      D:= 20;
      if TempXMin <> WXStart then
         begin
         inc( TempXMin, XMinDelta );
         inc( TempXMax, XMaxDelta );
         Done:= false;
         end;

      if TempYMax <> WYstart then
         begin
         inc( TempYMin, YMinDelta );
         inc( TempYMax, YMaxDelta );
         Done:= false;
         end;

      end   {-- Verschieben }
```

```
    else
      begin {-- Verkleinern }

      if ( XMinDelta > 0 ) and ( TempXMin <> WXStart ) then
         begin
         if TempXMax - TempXMin > 0 then
            inc( TempXMin, XMinDelta );
         inc( D, 5 );
         Done:= false;
         end;

      if ( XMaxDelta < 0 ) and ( TempXMax <> WXStart ) then
         begin
         if TempXMax - TempXMin > 0 then
            inc( TempXMax, XMaxDelta );
         inc( D, 5 );
         Done:= false;
         end;

      if ( YMinDelta > 0 ) and ( TempYMin <> WYStart ) then
         begin
         if TempYMax - TempYMin > 0 then
            inc( TempYMin, YMinDelta );
         inc( D, 5 );
         Done:= false;
         end;

      if ( YMaxDelta < 0 ) and ( TempYMax <> WYStart ) then
         begin
         if TempYMax - TempYMin > 0 then
            inc( TempYMax, YMaxDelta );
         inc( D, 5 );
         Done:= false;
         end;
      end;

   TempW.Make( TempXMin, TempXMax, TempYMin, TempYMax, WName );
   TempW.Open;
   Delay( D );
   TempW.Close;
   TempW.Kill;
   end; {-- while }

end; {-- DeAllocate }
```

A.5.8 Datei W110

```
constructor WndSystemT.Make;
begin
StackT.Make;
ActiveWP:= nil;
WndOK:= true;

ScreenP:= ptr( GetScreenBase, 0 );
end; {-- Make }

procedure WndSystemT.OpenWnd( NewWndP : BaseWndPT );

begin DoFirst;

if ActiveWP <> nil then
   begin
   ActiveWP^.DeActivate;
   if not Push( ActiveWP ) then
      begin
      WndError( WndStackFull );
      exit;
      end;
   end;

ActiveWP:= NewWndP;
ActiveWP^.Open;
end; {-- OpenWnd }


function WndSystemT.CloseWnd : boolean;

var WorkWP                 : BaseWndPT;

begin DoFirst;

if ActiveWP = nil then
   begin
   CloseWnd:= false;
   exit;
   end;

ActiveWP^.Close;
dispose( ActiveWP, Kill );

ActiveWP:= BaseWndPT( Pop );
if ActiveWP <> nil then
   ActiveWP^.Activate;

CloseWnd:= true;
end; {-- CloseWnd }
```

```
procedure WndSystemT.RePositionWnd( DeltaX, DeltaY : integer );

var SwapW                      : BaseWndT;
    SaveXCur, SaveYCur         : integer;

begin DoFirst;

if ActiveWP = nil then exit; {-- kein Fenster offen }

{-- Altes Fenster deaktivieren, um Cursorposition zu speichern --}
ActiveWP^.DeActivate;

{-- Temporaeres Fenster zum Zwischenspeichern des aktuellen
    Fensters erzeugen --}

with ActiveWP^ do
   SwapW.Make( WXMin, WXMax, WYMin, WYMax );

{-- Aktuellen Fensterbereich sichern }
SwapW.Open;

{-- Auf dem Heap befindet sich jetzt eine Kopie des aktuellen Fensterinhalts }
{-- Aktuelles Fenster schliessen und an neuen Koordinaten oeffnen --}

with ActiveWP^ do
   begin
   DeAllocate;
   inc( WXMin, DeltaX );
   inc( WXMax, DeltaX );
   inc( WYMin, DeltaY );
   inc( WYMax, DeltaY );
   SaveXCur:= XCur; SaveYCur:= YCur;
   Allocate;
   XCur:= SaveXCur; YCur:= SaveYCur;
   end;

{-- nun den gesicherten Bildschirminhalt auf die neuen Koordinaten kopieren }

with SwapW do
   begin
   inc( WXMin, DeltaX );
   inc( WXMax, DeltaX );
   inc( WYMin, DeltaY );
   inc( WYMax, DeltaY );
   Close;
   end;
SwapW.Kill;

ActiveWP^.Activate;
end; {-- RePositionWnd }


procedure WndSystemT.DoFirst;
begin
end; {-- DoFirst }
```

```
procedure WndSystemT.WndError( ErrorCode : byte );
begin

{-- Standardmaessig wird eine Fehlermeldung ausgegeben und WndOK auf false
    gesetzt --}

case ErrorCode of

WndWrongParam          : writeln( WndWrongParamC );
WndTooSmall            : writeln( WndTooSmallC );
WndNoMem               : writeln( WndNoMemC );
WndWrongStat           : writeln( WndWrongStatC );
WndWrongStart          : writeln( WndWrongStartC );
WndWrongScroll         : writeln( WndWrongScrollC );

WndStackEmpty          : writeln( WndStackEmptyC );
WndStackFull           : writeln( WndStackFullC );

end; {-- case }

WndOK:= false;

end; {-- WndError  }
```

Sachwortverzeichnis

Ableitung 4, 31, 42, 44, 50, 54,
      58, 65, 85, 91, 101, 107,
      128, 142, 154
   lokale 42
Algorithmus 3
Beförderung 47, 48, 49, 51, 52,
      56, 71, 72, 77, 82, 84, 102
Bereichsprüfung 94
Bildschirmspeicher
   Adapter 15, 69
   Ausgabe 69
   direkter Zugriff 15, 68
   memory mapped 15
   Offset 17
   Segmentadresse 17
   Startadresse 15
   Zeichenattribut 15, 69
binding
   early 92f
   late 92f
C 6, 72
C++ 30
Codesegment 21
Compilerschalter 94, 120, 123
Crt 69, 129
Daten 3, 4, 30
   Interpretation 9
   redefinieren 25, 33, 61
   referenzieren 61
   sicherer Zustand 46
   siehe auch Objekt
Datensegment 21, 121
Denken
   objektorientiertes 35
Destruktor 96f, 102, 104, 113,
      115, 118, 121ff, 129
DirectVideo 69
Dispose 56, 96, 97, 98, 104

Eigenschaften 4, 5, 31, 45, 48,
      65
   redefinieren 4
   siehe auch Methoden, Daten
   vererben 4, 32
end 29
Entwicklung
   objektorientierte 1, 6, 37
   Programm- 30, 50, 85f, 106
Entwurf 5
   konventioneller 29
   objektorientierter 3, 6, 7, 29
   problemorientierter 4
   Programm- 3
Fail 99, 101, 102
Fehlerbehandlung 70f, 82ff, 91,
      98ff, 115f, 120, 127, 132,
      141f, 142, 145, 154ff, 166
Fenster
   Exploding Window 62, 64,
      137, 165
   Rahmen 62, 64, 134
   Scrollbar 62, 65, 158f
Forward 16, 17, 26, 27
Funktionalität 36, 59, 63, 85,
      111, 127, 136, 154, 158
Getmem 21, 27
Heap 19, 21, 27, 70, 98, 99, 129
Hierarchie 5, 37, 39, 42, 44, 46,
      48, 50, 51, 57, 60f, 65f,
      77, 88, 92, 95, 102, 111,
      121, 127, 128, 166
   Entwicklung 115
   Urelement 50, 52, 63, 102,
      108, 109, 111, 115, 128
   Ursprungsobjekt 37
Hook 142, 167
Instanz 12, 14, 18, 23, 24, 28,
      32, 34, 44, 45, 46, 48, 50,
      51, 65, 70, 82, 88, 91, 94,
      96, 98, 100, 108, 111, 125,
      142, 151, 154, 156, 163
Größe 104, 123ff

Initialisierung 36, 99, 101,
        108, 118, 121, 123
Instanzierung 27, 36, 154
Kellerspeicher 46, 48, 50, 51,
        52ff, 70, 72, 85, 96, 102ff
Klasse 48, 51
Komplexität
    Programm- 3
    Schnittstellen- 3
Konstruktor 89, 90, 93f, 98, 99,
        101, 102, 108, 113, 118,
        121ff, 165
Linker 61
MaxAvail 99
Methode 12
    deklarieren 94
    erben 32, 156
    Implementierung 136
    neu definieren 32, 33
    redefinieren 33, 61f, 122,
        142, 156, 166
    Referenzierung 27, 60
        vollständige 28, 61f
    vererben 92, 122
    virtuelle 6, 51, 60, 85ff,
        120ff, 141, 142, 166
    Voraussetzungen 92f
Modula 6
Nachfolger 36, 37, 44, 46, 48,
        52, 89, 92, 115, 128
    direkter 39
Nachkomme 31
Nachricht 4
New 12, 21, 27, 56, 98, 99, 100,
        108, 111, 156, 162
object 11, 29, 31
Objective-C 30
Objekt
    abgeleitetes 31
    Datenbereich 45, 47, 50, 51,
        68, 72, 89, 121, 142,
        149f
    Größe 95, 97, 118, 121,
        124

    siehe auch Instanz
Datenelement 11, 26ff, 95
Definition 36, 42, 67, 128,
        146
    Daten- 16
    Methoden- 16
Deklaration 11, 12, 15, 24, 92
dynamisches 21, 47
    siehe auch Speicher-
    verwaltung
Größe 48, 51
Hirarchie
    siehe Hierarchie
Implementierung 16, 36, 42,
        59, 146
Initialisierung
    siehe Instanz
Intelligenz 6
Konstante 20, 27
Kopie 32
redefinieren 35, 154
Spezialisierung 5
Variable 19, 25
Verarbeitungselement 11
Zuweisung 19, 44, 45, 88
Parameter
    Aktual- 8
    Formal- 8, 9, 17
    Objekt als- 24, 145
    Prozedur- 8
    Prüfung auf Zulässigkeit 70
    Übergabe einer Instanz als var-
        oder value- 19
    versteckter 24, 123
Pascal 6, 7, 72
    Quick 30
    Turbo- 7, 16, 30, 47, 51, 61,
        62, 69, 77, 86, 93, 94,
        99, 109, 111, 118, 142,
        149
Polymorphismus 6, 50, 111
Programmiersprache 6
    konventionelle 8
    prozedurale 8

Programmierung
   konventionelle 96, 119f
   objektorientierte 6, 12, 16,
       29, 30, 33, 35, 37, 42,
       46, 51, 84, 85, 86, 96,
       107, 109, 119f, 166
   Stil 39
   Übersichtlichkeit 42
Prolog 6
Prozedurvariable 21, 118ff
Punktnotation 11, 26, 27
Quelltext
   Organisation 42
Schrittweise Verfeinerung 3, 7
Self 24, 25, 27f, 58, 123
Sichtbarkeitsbereich 32
Software-IC 4
Speicherüberlauf 99, 100
Speicherverwaltung
   dynamische 12, 21, 37, 94,
       98, 99, 113, 129
Stack 27, 145
Statusvariable 37, 52, 54, 57, 72,
       102, 127
Toolbox 8
Typumwandlung 46, 109, 116,
       117, 118
   explizite 47ff, 51, 52, 56, 68f,
       84

Übersetzung 24, 26, 45, 46, 49,
       50, 60, 86, 87, 92, 93, 123,
       126
Unit 52, 65, 70, 85, 90, 168
   Implementierungsteil 41, 42,
       66f, 146
   Interfaceteil 41, 42, 66, 67ff,
       102, 146
Variable 44
Vaterobjekt 32
Vererbung 4, 63, 85
virtual 92
Virtual Methods Table 121ff
VMT 124f
VMT-Feld 121ff
VMT-Prüfung 123
Vorgänger 5, 31, 48, 60f, 83
WhereX, WhereY 165
Window 14, 33, 62, 129
with 18, 25, 27, 28
Zahl
   komplexe 20
Zuweisung 45, 50
Zuweisungskompatibilität 48
   erweiterte 44, 46, 50, 57, 95,
       102, 111, 128